U0182868

文化遗产与博物馆研究丛书

Cultural Heritage and Museum Studies Series

Conservation Methods and Materials for Reinforced Concrete Architectural Heritage

钢筋混凝土建筑遗产的保护方法与材料

张 晖 著

·杭州·

图书在版编目（CIP）数据

钢筋混凝土建筑遗产的保护方法与材料 / 张晖著. —杭州：浙江大学出版社，2022.8
ISBN 978-7-308-22880-0

Ⅰ.①钢… Ⅱ.①张… Ⅲ.①钢筋混凝土结构—建筑—文化遗产—保护—中国 Ⅳ.①TU-87

中国版本图书馆 CIP 数据核字(2022)第 140420 号

钢筋混凝土建筑遗产的保护方法与材料
张　晖　著

责任编辑　金　蕾(jinlei1215@zju.edu.cn)
责任校对　沈炜玲
封面设计　浙信文化
出版发行　浙江大学出版社
（杭州市天目山路 148 号　邮政编码 310007）
（网址：http://www.zjupress.com）
排　　版　杭州青翊图文设计有限公司
印　　刷　杭州高腾印务有限公司
开　　本　710mm×1000mm　1/16
印　　张　11.5
字　　数　161 千
版 印 次　2022 年 8 月第 1 版　2022 年 8 月第 1 次印刷
书　　号　ISBN 978-7-308-22880-0
定　　价　69.00 元

前　言

钢筋混凝土是人类迄今为止使用量最大的建筑材料。自从19世纪被发明以来,钢筋混凝土被广泛应用于桥梁、房屋、水利设施等的建造。这些建筑中,有不少已经成为具有珍贵历史、艺术和科学价值的文化遗产。建筑大师勒·柯布西耶的代表作品萨伏伊别墅、日本国立西洋美术馆等建筑,都采用了钢筋混凝土结构,已经被列入世界遗产。美国盖蒂保护研究所在前些年开展了一项20世纪现代主义建筑保护研究项目,被列入的建筑中大多是钢筋混凝土结构。最近几年,在我国被列入全国重点文物保护单位的不可移动文物中,采用钢筋混凝土材料的文物建筑也逐渐增多。

一般认为,钢筋混凝土结构的耐久性是非常好的。然而近几十年的观察和研究发现,受到环境中各种危害因素的影响,钢筋混凝土材料也会发生不同类型的腐蚀与破坏,对建筑结构安全性的影响非常严重。据初步估计,在一些国家,每年因钢筋混凝土材料的腐蚀与破坏造成的损失,可能高达几百亿美元。对于承载特殊价值的钢筋混凝土建筑遗产而言,因钢筋混凝土材料发生的破坏而造成的损失,则很难用金钱来衡量。

遗憾的是,无论是在中国还是世界其他地区,对建筑遗产保护而言,关注的更多的还是传统建筑材料,如土、砖石、木材等。钢筋混凝土建筑遗产的保护,也就是最近10年才逐渐受到重视。法国可能是较早关注钢筋混凝土建筑遗产保护的国家,其文化部所属的历史古迹研究实验室已开展了大量的相关研究和保护案例实施,积累了丰富的经验。在意大利、美国等国家，也有一些研究机构开展了钢筋混凝土保护的研究，取得了丰硕的成果。但总体而言，这方面的研究工作和保护实施还比较少，相关的文献也不够丰富。

笔者在过去的10年里，开展了钢筋混凝土保护方法和材料的实验研究，并参与了一些钢筋混凝土建筑遗产的保护工作。鉴于该领域一直缺少比较系统性的著作，在过去的研究和实践的基础上，笔者尝试从建筑材料的角度出发，总结钢筋混凝土建筑遗产的保护技术，特别是电化学保护技术及其相关保护材料，是本书关注的重点。这不仅仅是因为笔者一直以来从事的是电化学保护技术研究，更因为在强调预防性保护的当下，电化学保护可能是极具应用价值的保护手段。

作为文物保护领域里面一个比较新的方向，钢筋混凝土建筑的保护技术和材料还在不断发展和完善中，人们对这类建筑的认识也还在不断加深，本书的撰写只为抛砖引玉，期待未来能够有更多的研究人员从事这方面的研究，也期待钢筋混凝土建筑遗产的保护能得到公众和文物管理部门更多的重视。

特别感谢浙江省文物局资助的文物保护科技项目，使得笔者能够顺利完成相关的研究；也非常感谢浙江大学艺术与考古学院、浙江大学出版社在本书撰写和出版过程中的大力支持。感谢姜辉、沈灵、严立京、曹金东、陈文东、陈凯豪、胡伟彬、杜晓宣、王涛、王晶鑫等在参与钢筋混凝土建筑遗产保护研究和本书撰写过程中给予的帮助和支持。

由于笔者的水平有限，书中难免会有不当和错误之处，敬请读者批评指正。

张　晖

2022年7月于杭州

目　录

第一章 钢筋混凝土建筑遗产的保存状况

钢筋混凝土是目前使用最广泛的建筑材料，一般认为由法国人约瑟夫·莫尼尔发明于1849年，发展至今已有近两百年的历史，凭借其独特的力学性能，以及容易制造、价格低廉、性质稳定、施工便捷等优势，自20世纪初起被广泛应用于桥梁、隧道、堤坝、房屋等建筑领域。伴随钢筋混凝土材料的广泛使用，其广泛发生的破损和腐蚀成了必须面对的严重的全球性问题，每年都会造成大量的经济损失，并凸显出无法忽视的安全隐患[1]。

目前，世界各地都有大量的各式各样的钢筋混凝土建筑，其中许多具有代表性的珍贵建筑都已经成为重要的历史文化遗产，例如位于日本广岛和平纪念公园的原子弹爆炸圆顶屋（图1.1），是由捷克建筑师简·勒泽尔设计的，在1945年广岛原子弹爆炸时幸存，现已被联合国教科文组织列入世界文化遗产。许多这样的珍贵建筑遗产已经出现了不同程度的破损和老化，同时考虑到一般钢筋混凝土建筑建议的使用年限是70～100年，这些珍贵的建筑遗产急需采取措施来延缓腐蚀，修复破损，并且不影响其外观，尽量保留其历史原貌。

图 1.1　原子弹爆炸圆顶屋，位于日本广岛和平纪念公园，被列入世界文化遗产

我国的钢筋混凝土建筑出现于 20 世纪早期，在近代历史建筑中占了重要比重。近代历史建筑作为城市一种不可再生的文化遗产已经越来越引起人们的关注。2015 年修订的《中国文物古迹保护准则》第 36 条的阐释中提到：

“近代建筑、工业遗产和科技遗产类型的文物古迹，由于大量使用了混凝土等现代建筑材料，其结构体系和材料具有鲜明的时代特征，是文物古迹价值的重要载体。”

这意味着它们的建筑技术、材料、功能和设计等各方面体现着近代化的发展过程，有着重要的历史和文化价值。例如，浙江省在 19 世纪晚期开始出现民族工业，在民国初年得以发展；得益于优越的地理优势和水力资源，在近现代化的过程中兴建了多种类型的水利工程设施和金融建筑。这些历史建筑见证了浙江省的工业变迁，凸显了近代背景下建筑文化遗产的独特魅力[2]。

1.1 近现代建筑遗产数量的剧增

近现代文物历史建筑作为城市不可再生的文化遗产，近年来，对它们的保护和研究已经越来越受到学者、工程师和相关文化机构的关注。近现代建筑遗产中出现了许多新的建筑材料，钢筋和水泥就是其中很重要的一部分。当时，这种新兴材料的外观特点鲜明、实用性强、坚固耐用，也刺激了建筑师和工程师的想象力，产生了新的建筑结构表达。在19世纪晚期至第二次世界大战期间，混凝土建材行业迅速发生的工业化让世界各地纷纷出现了钢筋混凝土结构建筑[3]。根据法国历史研究院2015年的统计，在1914—1939年，法国有接近60%的新建筑是钢筋混凝土结构的。第二次世界大战后，为面对快速的城市化和基础建设的需求，大量的混凝土建筑被建造并投入使用。混凝土在清末洋务运动时期进入我国，20世纪早期就已经可以见到一些钢混结构、砖混结构的建筑；到了民国中后期，更是出现了多层和高层的钢筋混凝土结构的建筑；到了20世纪70年代后期，现浇钢筋混凝土结构开始流行，混凝土建筑数量也急剧增长[4]。

近年，我国越来越多的省份出台了有关优秀历史建筑和历史风貌保护条例，一般规定建成30年以上的建筑物即可申报、参评为优秀历史建筑[5]。由于这些建筑大部分的建造时间相对较短，建筑中采用钢筋混凝土结构的比例也相对较高。比如，李行言统计了2015年北京市优秀历史建筑名录中71处建筑遗产的年代和结构类型，其中52处为新中国成立后建造的，以混凝土作为主要建筑材料的共占51.4%；而民国建筑中钢混结构建筑的比例仅占8%[6]。目前，不仅是优秀历史建筑，在各级文物保护单位的评定中，也开始关注保护反映现代化进程的史迹和建筑。第一批至第三批的近现代史迹和建筑主要属于“革命遗址及革命纪念建筑物”，部分归在“古建筑及历史纪念建筑物”。从第四批全国文物保护单位的评定开始，出现了“近现代建筑近现代重要史迹及代表性建筑”这一门类。从图 1.2 中可以看出，在第六批之后，年代属于近现代时期的文物保护单位数量明显增加，呈现上升趋势。从我国全国重点文物保护单位中近现代建筑的占比变化来看，第八批国保单位共有近现代重要史迹及代表性建筑 234 处，占 30.7%，远远超过在第六批、第七批中的占比。另外，在第八批全国重点文物保护单位中，新中国成立后的文物保护单位数量明显增多，占总数的 19.2%(45/234)。可以看出，除了清末和民国时期建造的能反映近代化的建筑遗产受到重视而被列入文物保护单位外，随着记录新中国成立后现代化发展进程的需求日益增长，20 世纪中期以后的建筑也不断地被归入文物保护单位。根据这 45 处文物保护单位的图片资料和描述统计，第八批全国重点文物保护单位中，时代为新中国成立后(包括 1949 年)的文物保护单位中含钢筋混凝土结构建筑的占到 44.4% (20/45)。这也预示着，今后越来越多的历史

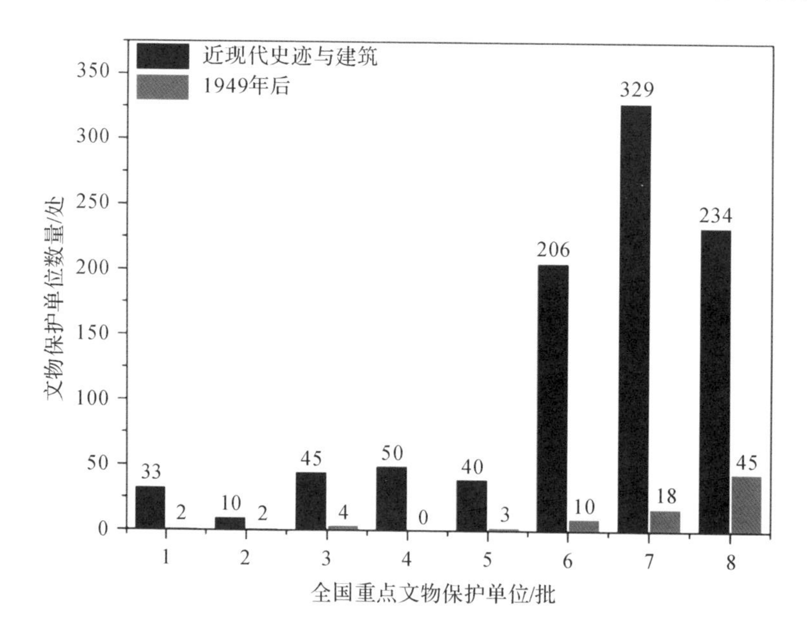

图 1.2　全国文物保护单位中近现代史迹和建筑总数与其中时代为 1949 年新中国成立后的文保单位的数量

建筑将被指定为文物保护单位,其中钢筋混凝土结构文物建筑的数量也将会明显增多,保护任务也将日渐繁重。

1.2　钢筋混凝土腐蚀的危害

这些文物历史建筑的主体承重结构多由砖、混凝土或钢材构成,而早期的材料因限于当时的材料生产和工艺水平,以及日经风霜的老化以后,其强度会大大降低。据调查来看,钢筋混凝土文物历史建筑的常见损害包括:混凝土碳化深度大、钢筋锈蚀、混凝土强度降低、混凝土开裂或剥落、屋面开裂渗水、围护墙体开裂渗水等。这些缺陷都会影响历史建筑的外观,逐步威胁建筑的结构稳定和安全,影响建筑的使用寿命。陈大川等调查了国内某大学一座建于 20 世纪 30 年代的近现代水泥历史建筑,发现该建筑的材料已经老化,混凝土疏松剥落,钢筋锈胀,墙体出现不同程度的裂缝,严重影响了建筑的安全性[7]。淳庆等调查了绍兴大禹陵、南京中山路 1 号、南京大华电影院 3 座建于 20 世纪 30 年代民国时期的水泥历史建筑,发现这些建筑普遍出现的混凝土碳化深度很大,钢筋锈蚀,混凝土强度较低,混凝土开裂或剥落,屋面和围墙开裂渗水等情况,已经亟须进行保护修复[8]。通过对比不难发现,近现代水泥文物历史建筑在自然和人为因素影响下,出现了相似的材料劣化状况。钢筋混凝土结构的腐蚀与老化的具体情况及影响因素,在本书第三章中将有详细介绍。

1.3　钢筋混凝土文物历史建筑保存状况的案例分析

1.3.1　浙江省舟山市普陀山海岸牌坊

浙江省舟山市普陀山海岸牌坊初建于 1731 年,原为简陋石坊,后获捐资重建为钢筋混凝土牌坊,共有 3 门 4 柱,高约 9 米,宽 8 米。额题共五方，分别为“金绳觉路”“同登彼岸”“宝筏迷津”“南海圣境”“回头是岸”，为北洋政府黎元洪、徐世昌、冯国璋等人所书。门柱上有四副楹联，分别为“有感即通，千江有水千江月；无机不被，万里无云万里天”“圣迹著迦山，万国生灵皆乐育；佛光腾海岛，千年潮汐静波涛”“一日二度潮，可听其自来自去；千山万重石，莫笑他无觉无知”“到这山来，未谒普门当先净志；渡那海去，欲登彼岸须早回头”。

普陀山海岸牌坊于20世纪70年代受到过一定程度的破坏，1980年左右和20世纪90年代都进行过一些简单的修复工作，如楹联就是在1980年左右得到重新修复，另将民国时期照片上海岸牌坊和现在的实物对照，额题周围明显存在一些差异，但具体如何变迁及20世纪70年代前进行过几次较大的具体修复工作现在已很难考证。图1.3为民国时期拍摄的普陀山海岸牌坊。

图1.3　民国时期普陀山海岸牌坊

在普陀山海岸牌坊现场处共采集混凝土样5份，编号依次为1号、2号、3号、4号、5号，另取实验室里按照国家标准新制备的混凝土样品为对照组，编号为6号。

鉴于4号样品上附有少许裸露在外的钢筋，将少量肥皂水喷涂在钢筋的表面，再使用钢筋锈蚀仪进行测量，即可得到钢筋的锈蚀电位，最后的测量结果显示为－405mV，说明属于严重腐蚀。

从4号样品上截取一小块样品，并将少量酚酞试剂均匀地滴在其新鲜的截面上，静置至截面干燥，即可获得样品的碳化深度情况；另取6号样品进行相同的实验操作，其结果作为对照。分析实验组和对照组的碳化情况，发现实验组的截面完全没有红色，而对照组的截面有明显的红色，说明实验组的样品已经被完全碳化。

从1号至6号样品上分别获取1g左右的混凝土，使用烘箱在105℃下烘干共6.5小时，至质量不再改变，再将混凝土研磨，分别将研磨过的混凝土置于6个烧杯中，加入适量去离子水浸泡，24小时后过滤，将6份滤液分别定容，使用氯离子浓度测量仪分别测量溶液的氯离子浓度，计算得1号至6号样品每克含有的氯离子质量。各样品的氯离子含量计算结果如表1.1所示。

表1.1　普陀山海岸牌坊各样品氯离子含量

样品标号	1	2	3	4	5	6
样品质量/g	1.3202	1.0962	1.2202	1.1708	1.3533	1.3172
氯离子浓度/(mmol/L)	0.1590	0.1020	0.3390	0.0324	0.0513	0.0331
样品氯离子含量/(mg/g)	0.2135	0.1649	0.4924	0.0491	0.0672	0.0445

从数据上分析，1号、2号和3号样品的氯离子含量比6号大一个数量级，4号和5号的氯离子含量略高于6号，说明该牌坊钢筋混凝土的氯离子含量远高于国家标准下制得的混凝土的氯离子含量。氯离子能够加速钢筋的腐蚀。国内外对海岸建筑腐蚀情况的研究表明，对于这类建筑的维护和修复，一般都要考虑采取合适的手段去除其内部的氯离子。

取1号至5号样品进行X射线衍射(X-rays diffraction, XRD)分析。图1.4为1号样品的XRD谱图。从样品的XRD谱图可以看到，混凝土的主要成分为硅酸盐(即二氧化硅成分)，但样品有明显的碳酸钙的峰,说明样品都发生了明显的碳化。样品中没有出现明显的氢氧化钙的峰,说明样品的碱性已经完全消失。另外,样品中没有出现硫酸钙的峰,说明样品没有发生明显的硫化。这可能和海岸牌坊位于普陀山景区,又在海边,空气对流明显,空气质量较好有关。

根据对混凝土的测试结果,可以明显看到水泥混凝土样品已经完全碳化,原来的碱性已经完全消失,钢筋已发生严重锈蚀。另外,样品中氯离子含量明显偏高,这是由于牌坊位于海边,容易受到海盐侵蚀。综合来看,该牌坊的建筑材料本身已经发生劣化,主要表现在水泥混凝土的碳化和钢筋的严重锈蚀。碳化本身对水泥混凝土的强度不会有太大影响,但碱性环境的消失使得钢筋的保护层受到破坏,因此钢筋容易受到侵蚀。再加上该建筑地处海边,海盐的侵蚀也很明显,使得钢筋的破坏状况比较严重。

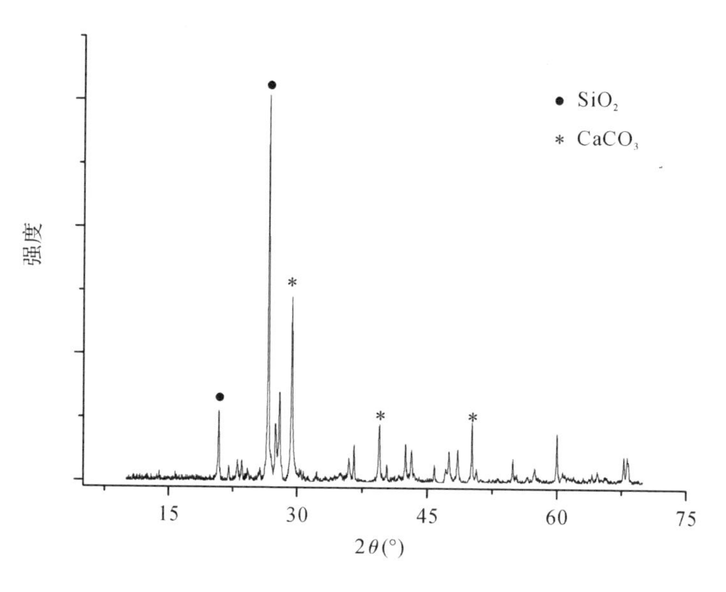

图 1.4 1 号样品的 XRD 谱

采用海创高科 HT-225T 混凝土回弹仪,对海岸牌坊底部部分区域进行了回弹强度的测量。一共测了 6 个区域,每个区域取 4 个点,每个点测 3 次,然后取平均数。如图 1.5、图 1.6 所示。

图 1.5　回弹测试区域

图 1.6　回弹测试具体区域照片

从回弹的数据(图 1.7)上可以看出,各个区域的混凝土强度值基本相差不大,只有个别测试点的强度明显偏低,可能是因为该测试点的表面有空鼓现象。通过回弹强度的测试,可以基本确定混凝土牌坊的强度值,在混凝土的局部采取修补措施时,可以采用与现状牌坊水泥强度略低的现代水泥配置修补砂浆来对脱落和缺损部位进行修补。

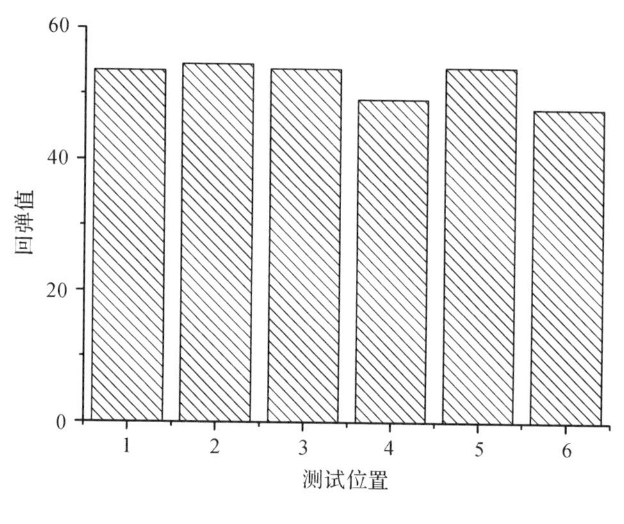

图 1.7 回弹测量结果

1.3.2 沿海城市近现代建筑遗产

19 世纪中叶以来,随着我国沿海一些城市被迫开埠,城市中的不少区域被划作租界,大量的西式建筑和中西结合式的建筑开始涌现,构成了这些城市近现代建筑遗产的主要部分。其中,钢筋混凝土建筑数量尤其庞大,许多 50 年以上历史的建筑被列入了优秀历史建筑。

作为中国近代边缘城市之一,杭州的近代化进程相对滞后,厚重的历史影响制约着城市建筑活动的开展。虽然在现代化过程中杭州的发展较快,但仍然保留着相当一部分的近现代历史建筑。

始建于五代后周年间的保俶塔经历多次修建,目前保留着的是民国二十二年(1933年)修葺的实心塔。在参与保俶塔的修复工程中(图1.8),我们取到塔基内部一根从外观看锈蚀状况较为严重的钢筋。

图1.8　杭州保俶塔钢筋混凝土构件

浙江大学西溪校区西三教学楼(图1.9)建于20世纪50年代,为杭州市第二批优秀历史建筑。在2014年的修缮工程中,施工人员进行了木屋架替换、屋顶及防水改造、外立面清理涂料、更换铝合金门窗等修复工作。在实地调查过程中,我们获取到后门上方挡雨墙部分脱落的混凝土块。

图1.9　浙江大学西溪校区西三教学楼

杭州市余杭区陶村桥(图 1.10)位于径山镇求是村,由乡里发起募集资金,建于 1925 年,是杭州地区最早的一座水泥桥,2013 年被列入杭州市文物保护单位。我们到径山镇陶村桥进行实地调查,获取到桥底脱落的水泥混凝土块和钢筋样品,并对钢筋的锈蚀程度进行了现场测量。

图 1.10　杭州市余杭区陶村桥

1860 年天津被辟为通商口岸后,西方列强纷纷在天津设立租界。作为当时中国北方开放的前沿和近代中国“洋务”运动的基地,以钢筋混凝土为代表的近代建筑材料通过直接或间接的方式较早在天津得以运用。而这些目前被天津市定名为历史风貌建筑并进行有效保护的建筑主要集中在天津市和平区内,集群性和完整性均良好。我们对天津某历史建筑进行了现场无损分析(图 1.11),并获取了少量混凝土样品进行实验室分析,以了解钢筋混凝土的保存状况。

图 1.11　天津某历史建筑钢筋混凝土现场分析

广州作为中国的南大门和最早开放的通商口岸之一，亦是租界林立。作为近代中西方交汇的最前沿和民主革命的策源地，中西方的冲突与融合在这里得到充分体现。钢筋混凝土等新型建筑材料在广州最早得以运用，这些建筑被定为历史建筑和被划分为历史风貌区进行保护。这些建筑主要集中在广州的越秀区和荔湾区内，集群性和完整性亦良好。我们对广州某历史建筑进行了现场无损分析，并获取了少量混凝土和钢筋样品(图 1.12)进行实验室分析，以了解钢筋混凝土的保存状况。

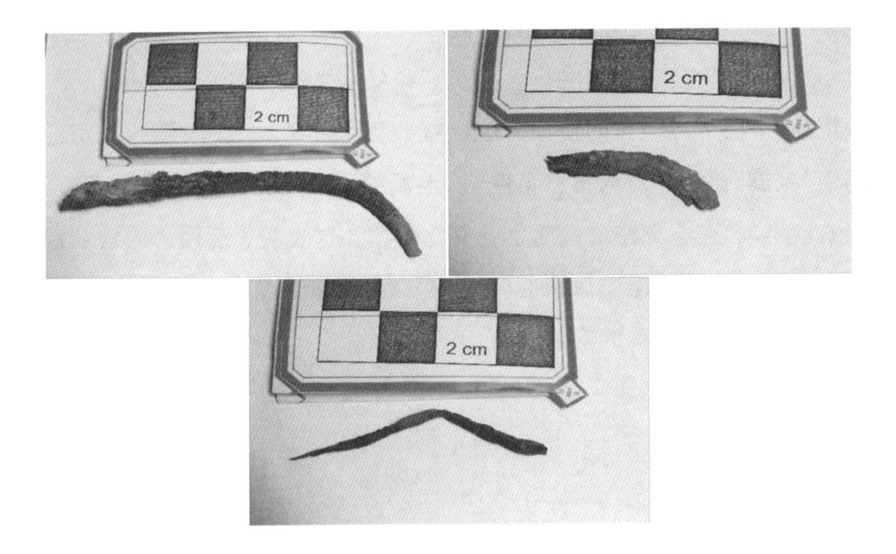

图 1.12　获取的文物历史建筑钢筋样品

根据 XRD 图谱分析的结果，我们获取的文物历史建筑混凝土样块中都存在碳酸钙成分，这表明近现代水泥历史建筑混凝土碳化现象普遍存在。从调查的情况看，水泥混凝土的碳化是其劣化的最常见现象，而硫化现象并没有在所有的被调查建筑中得到发现，是因为硫化反应通常是在碳化之后才可能发生，同时必须满足一定的条件(例如空气中存在一定浓度的二氧化硫或者含硫酸雨在该地区经常发生)。随着时间的推移，以及国内各大城市空气污染的严重影响，预计水泥混凝土的硫化现象会逐渐变得常见。

通过对采集到的 3 个钢筋样品进行直观观察，不难发现近现代水泥历史建筑钢筋锈蚀程度较为严重，钢筋呈现黄褐色，其表面产生大量铁锈，有些铁锈呈片状脱落，钢筋变细、变脆，已经失效。同时，我们采用HC-X5钢筋锈蚀检测仪对这些钢筋的锈蚀程度进行了检测，结果表明这些钢筋的腐蚀电位都位于－300～－200mV，属于严重锈蚀状态。

长期以来，人们将文物保护的目光都放在传统建筑上，如石质文物、木质文物。而钢筋水泥作为近现代以来建筑的主要材料，其大规模运用也不过两个世纪。而且与石质、木质材料这些天然原料不同的是，钢筋混凝土是一种现代工业的产物，性能和特性与这些传统的自然原料当然也不尽相同。按国际设计惯例，此类建筑结构的使用期限为70年。21世纪初，上海外滩建筑的使用者就陆续收到当年美国、德国设计公司的书面“到期”提醒。而从材料角度讲，水泥的主要成分硅酸盐经过70年左右就会粉化，水泥中的钢筋也会氧化锈蚀。这表明了近现代的钢筋混凝土建筑已经到了需要保护的时候，考虑到不少建筑依然还在使用中，这同时也是一个重大的安全隐患。

第二章

钢筋混凝土建筑材料

从 19 世纪后半叶开始，到整个 20 世纪，以及 21 世纪的当下，混凝土一直是世界各地建筑的主要材料，几乎没有其他类型的建筑材料能像混凝土那样塑造了现当代的建筑文化和建筑史。在现代混凝土建筑发展之前，东方的建筑以土木材料为主，其中以中国、日本的木构古建筑为典型代表；欧洲的建筑砌体以矿物建筑材料为主，如砖石结构。砖石结构有大约 8000 年的历史，在欧洲还保存了大量的石质建筑或遗迹。尽管砖石结构这种施工方法的历史十分悠久，但至今主要用于制造那些只能吸收压缩负载的承重结构构件。天花板、横梁的建筑框架结构元素仅限于经典的拱形结构，建造复杂且价格昂贵。在过去的 150 年里，现代混凝土和钢筋混凝土建筑的引入与不断发展，意味着复杂的支撑结构可以用另一种无机材料来建造。这种结构可以长期吸收拉伸和弯曲载荷，显著提高了支撑结构的应用潜力，给建筑设计和结构安全提供了重要的材料支撑与无限想象。在建筑施工中有很多构件当然也可以用钢材或木材，例如屋顶结构，但与这些建筑材料相比，钢筋混凝土有一些重要的技术和经济优势，比如耐火性更好，这就是为什么钢筋混凝土已经成为世界各地最主要的建筑材料的原因[9]。

古罗马人在 2000 多年前就使用了火山灰、石灰、骨料等构成的水硬性材料，这些材料称为罗马混凝土，其硬化反应基本上就像今天的水泥一样[10]。这一时期最著名的历史混凝土结构是罗马的万神殿（图 2.1）。它的半球形圆顶内径约 43 米，作为世界上最大的圆顶结构的纪录保持了1000多年，标志着古罗马建筑发展的高潮，在其建筑结构、建筑施工和建筑材料细节等方面都体现了巨大的创造力与丰富的建造经验。使用罗马混凝土作为材料的建筑在古罗马还有很多，甚至在一些建筑废墟中还保留着这些基础的建筑材料。但可惜的是，这种水硬性材料在流行了几个世纪之后，关于它的技术知识就丢失了。直到18世纪晚期水泥被发明出来，现代混凝土建筑才得以发展。钢铁在当时已经被广泛使用，所以将钢的抗拉强度与较轻的混凝土的抗压强度结合起来是完全合乎逻辑的。钢筋混凝土是一种复合建筑材料，由法国人约瑟夫·莫尼埃(1823—1906年)于1849年发明，出于增强结构的目的，他在生产的混凝土中添加了钢丝。后来，人们对混凝土技术和结构工程做了大量的研究，通过不同材料的混合配比，成功地准确控制硬化混凝土的性能，特别是抗压强度，并用数学公式定量表征混凝土结构的支撑特性。随后，大量的钢筋混凝土结构被建造出来，在此过程中，一些关键技术和材料也在不断改进，钢筋混凝土的质量也在不断得到提高。

图2.1　罗马的万神殿

混凝土通常被定义为一种水硬性材料，当加入水时，可以很快凝固，并保持坚固的技术特性。类似的硬化反应也可以由其他种类的矿物材料，如石膏砂浆和石灰砂浆，与水混合之后而产生。但是，混凝土与这些材料的不同之处在于其耐久性和防潮性能[11]。混凝土主要由水泥、水和不同粒径的骨料(如砾石、砂)组成。商用水泥由天然泥土(石灰石和黏土),在 1400℃左右煅烧而成,然后与其他成分一起磨碎。混凝土中的水泥和水、骨料混合,产生有一定稠度的砂浆,包裹着一些较粗的骨料。在体积方面,普通建筑混凝土由约 13%的水泥、7.5%的水和近 80%的骨料组成。

2.1　水　泥

水泥的基本矿物原材料为石灰石和泥土,其地质成分适合大规模生产,因为在几乎所有地区都有这些矿物的丰富矿藏,尽管它们的组成和形成情况各不相同。这些天然沉积物中含有氧化铁,它可以产生水泥的灰色。石灰石主要由碳酸钙($CaCO_3$)组成,这是原料混合物中的主要成分。原料的制备对水泥的质量和均匀性至关重要。由于其原料是从天然沉积物中提取的,因此其个别矿物元素的含量各不相同。在提取和混合过程中,必要时会不断检查和调整原材料的成分。该混合物的碳酸钙含量应至少为 76%～78%。二氧化硅(SiO_2)、氧化铝(Al_2O_3)和氧化铁(Fe_2O_3)的比例也必须精确保持。图 2.2 为水泥的成分简图。

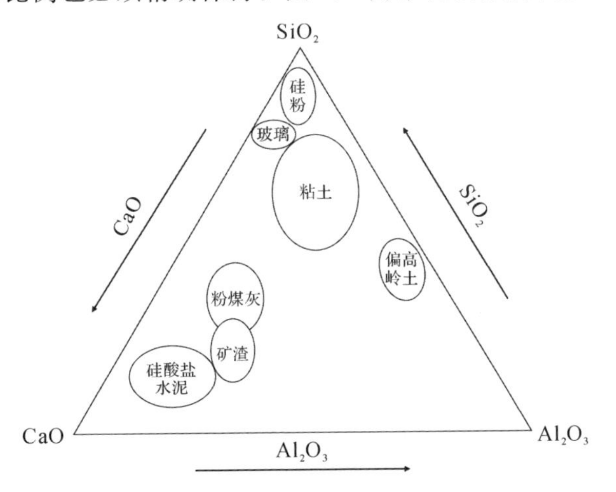

图 2.2　水泥的成分简图

制造水泥的时候，原材料被加热到约 1400°C，产生硅酸盐水泥熟料。“熟料”这个词是早期制造过程中的传统描述。在这个过程中，从窑炉中取出熟料，像砖块一样坚硬的材料被磨碎。熟料的主要化学成分有硅酸三钙(C_3S)、硅酸二钙(C_2S)、铝酸三钙(C_3A)和铁铝酸四钙(C_4AF)[12]。今天的生产通过烧结矿物来产生燃烧过程的最终产物，并通过回转窑输送，形成致密的灰色硬块。硅酸盐水泥是通过研磨熟料和加入约 5%的硬石膏($CaSO_4$)来控制硬化。水泥中可能还含有一些其他的少量成分，如碱金属的氧化物等。表 2.1 显示的是硅酸盐水泥的主要化学组成及质量分数。

表 2.1　普通硅酸盐水泥的主要化学组成及质量分数

组成名称	化学式	质量分数/%
硅酸三钙(C_3S)	$3CaO \cdot SiO_2$	45～60
硅酸二钙(C_2S)	$2CaO \cdot SiO_2$	5～30
铝酸三钙(C_3A)	$3CaO \cdot Al_2O_3$	6～15
铁铝酸四钙(C_4AF)	$4CaO \cdot Al_2O_3 \cdot Fe_2O_3$	6～8
石膏	$CaSO_4 \cdot 2H_2O$	5

水泥的工作原理是基于水化过程，即当加水时，水泥中的某些物质与水发生反应，导致混合物迅速凝固和硬化。水化物生成速度大于水化物向溶液扩散的速度，于是生成的水化产物在水泥颗粒表面堆积，这层水化物称为凝胶膜层，这就构成了最初的凝胶结构。在这过程中发生的水化反应可能有：

$$2(3CaO \cdot SiO_2)+6H_2O \longrightarrow 3CaO \cdot 2SiO_2 \cdot 3H_2O+3Ca(OH)_2 \tag{2.1}$$

$$2(2CaO \cdot SiO_2)+4H_2O \longrightarrow 3CaO \cdot 2SiO_2 \cdot 3H_2O+Ca(OH)_2 \tag{2.2}$$

$$3CaO \cdot Al_2O_3+6H_2O \longrightarrow 3CaO \cdot Al_2O_3 \cdot 6H_2O \tag{2.3}$$

$$4CaO \cdot Al_2O_3 \cdot Fe_2O_3+7H_2O \longrightarrow 3CaO \cdot Al_2O_3 \cdot 6H_2O+CaO \cdot Fe_2O_3 \cdot H_2O \tag{2.4}$$

部分水化铝酸钙与石膏作用产生如下反应：

$$3CaO \cdot Al_2O_3 \cdot 6H_2O + 3(CaSO_4 \cdot 2H_2O) + 19H_2O \longrightarrow 3CaO \cdot Al_2O_3 \cdot 3CaSO_4 \cdot 31H_2O \quad (2.5)$$

水泥中的主要成分 C_3S 和 C_2S 水化反应后生成的水化硅酸钙凝胶物质，通常用 C—S—H 表示。需要注意的是，C—S—H 没有很确定的化学计量比，其中的 C/S 比通常在 1.5～2.0 之间，当水泥完全水化时，C—S—H 的化学计量比可以确定，通常写成 $C_3S_2H_3$，正如反应(2.1)所示。这四种矿物遇水后均能起水化反应，但由于它们本身矿物结构上的差异以及相应水化产物性质的不同，各矿物的水化速率和强度，也有很大的差异。按水化速率可排列成：铝酸三钙＞铁铝酸四钙＞硅酸三钙＞硅酸二钙。按最终强度可排列成：硅酸二钙＞硅酸三钙＞铁铝酸四钙＞铝酸三钙。而水泥的凝结时间、早期强度主要取决于铝酸三钙和硅酸三钙。

硅酸盐水泥的水化反应是典型的放热反应。热量在凝固和初始硬化过程中迅速生成，并逐渐下降，随着水化作用的减缓而最终稳定下来。通常，50％的热量会在水泥硬化反应前 3 天产生，80％会在前 7 天产生。此外，在最初几个小时内记录的大量温度变化可能会导致水泥浆体收缩，产生一些裂缝，这在大量混凝土或富含水泥的建筑工程中可以观察到。水泥中几乎所有的成分都参与了这种热量的产生：最显著的是铝酸三钙(207cal/g)，石灰(279cal/g)，而硅酸二钙的贡献最小，为 62cal/g。由于水泥的水化热取决于其成分的比例，因此，水泥中各种成分和添加物的比例的控制就尤为重要，例如在水泥中使用火山灰可以减少水化过程中释放的热量，尽管火山灰一石灰反应也会产生热量。

水化反应后生成的 C—S—H 具有一定的孔隙结构和比较大的比表面积。同时，该反应的产物还有氢氧化钙，主要以六方晶系的晶体结构呈现，在水泥浆体的体积占比约为 20％。氢氧化钙的强度比较弱，但由于其呈现碱性，对混凝土内的钢筋能起到非常重要的保护作用，并且使混凝土内部孔隙存在水分时，溶液呈碱性[13]。图 2.3 为混凝土的扫描电子显微镜照片。

图 2.3 混凝土的扫描电子显微镜照片

当水泥浆体的水灰比较高时，水化反应生成六方晶型的羟钙石和针状晶型的钙矾石，但水灰比较低时，水化水泥浆的晶体形态完全不同，不再可能看到六角形羟钙石晶体或细针状的钙矾石；相反，C—S—H 看起来像一种非晶态物质，以及少量结晶程度不高的羟钙石簇。当水灰比较高时，会有大量的水和空间，因此，水合物的生长可以不受阻碍地进行，从而形成大而美丽的晶体。相比之下，在低水灰比的时候，水合物的生长会受到阻碍，可用于反应的水也变得有限。一旦水的量和空间减少，可以认为水泥的水化作用是通过拓扑化学反应，而不是严格的溶解一沉淀来进行的。

硅酸盐水泥的水化作用会导致体积收缩，从技术角度来看，这是非常重要的，因为它可能通过自体的快速收缩对混凝土的稳定性产生重大影响。所有的混凝土，都会产生一些自体收缩，因为水化反应发生在封闭系统中是不可避免的结果。一些研究人员正在推广一些控制自体收缩的技术，包括在混合过程中引入少量膨胀的化学物质，这将补偿由于化学收缩而引起的表观体积的收缩。另一种解决方案是使用减少收缩的外加剂[14]。

使用水泥的时候，非常重要的注意事项是水灰比的选择。自从水泥被发明，人们就知道硬化后的水泥和混凝土的抗压强度在很大程度上取决于水灰比。关于抗压强度和水灰比的关系，有 Feret 公式表达[15]：

$$F=\frac{k}{\left(1+\frac{w}{c}+\frac{a}{c}\right)^2} \tag{2.6}$$

其中，w、c、a 分别表示水的体积、水泥的体积、水泥浆体中的空气的体积。通常，空气体积占比很小，因此$\frac{a}{c}$可以忽略不计，于是得到：

$$F=\frac{k}{\left(1+\frac{w}{c}\right)^2} \tag{2.7}$$

可以看到，当水灰比$\frac{w}{c}$减小的时候，水泥的抗压强度会增大。

对于一些水泥，采用很低的水灰比生产的混凝土往往会导致流变问题。目前，硅酸盐水泥和混合水泥采用的常见的水/水泥或水/黏合剂(w/b)比率为 0.485 或 0.500。当使用的大多数混凝土是正常强度的混凝土或抗压强度低于 30MPa 的低等级混凝土时，采用这样的水灰比是可以接受的。为了满足这些混凝土使用的条件，可以平衡 C_3S、C_3A 和石膏含量与水泥的比表面积，以满足标准的要求，并为超过 0.5 的高 w/c或 w/b 的混合物获得较高的早期强度。随着硅酸盐水泥熟料逐渐与越来越多的补充水泥材料混合，现在倾向于生产 C_3A 和 C_3S 含量越来越高、比表面积越来越高的熟料，以提高混合水泥的初始强度。然而，这些措施对水泥的流变性、可持续性和耐久性可能会适得其反。第一，增加熟料的 C_3S 含量意味着更多的石灰石必须被燃烧分解，更多的二氧化碳将被释放到大气中，这对环境是不利的。第二，增加 C_3A 和石膏的含量意味着在水化过程中会形成更多的钙矾石。钙矾石的黏结性能较差,在许多环境中尤其不稳定,这对耐久性不利。另外,细水泥的生产可以降低混凝土的耐久性,因为它增加了塑性收缩和干燥收缩的风险,因此,如果混凝土没有和适当的水反应固化,它有开裂的倾向,这对耐久性也不利。

2.2 骨 料

出于经济原因,骨料经常被用于早期的混凝土建筑中,并尽可能少使用当时非常昂贵的水泥材料来制造最终坚硬的混凝土构件。随着混凝土技术的发展,人们很快就发现,骨料也显著提高了硬化混凝土的技术性能,可以实现更高的抗压和表面强度,减少体积收缩,使得混凝土开裂更少。除了用于轻质混凝土中的骨料外,混凝土中的骨料通常比周围的水化水泥成分更硬、更强。虽然它们不参与水化反应,但它们是硬化混凝土中起到增强作用的主要部分[16]。

用于混凝土的骨料在欧洲、北美和中国都有相应的技术标准来予以规范。这些材料标准制定了一系列骨料的技术性能类别,并规定了实验数字和阈值。例如欧洲标准对骨料的区分如下。

A. 天然骨料可以是圆粒的河流、冰碛砾石,或坚硬的碎石(玄武岩、花岗岩、石灰石等)。它们是从天然矿床中提取出来的,仅通过机械手段生产。

B. 轻骨料来自矿物,其相对密度不超过 $2000kg/m^3$(膨胀黏土、膨胀页岩等)。

C. 工业生产的骨料也来自矿物,但是在工业过程中通过加热或其他作用(如膨胀黏土)制成。

D. 再生骨料由以前用作建筑材料的加工过的无机材料组成(如混凝土碎石)。

图 2.4 为混凝土中常见的骨料。

天然骨料是最常用的制造混凝土的骨料。这些主要是由水或冰川运动引起的，在河谷或冰碛中沉积砾石和沙子。除了少数使用坚硬碎石的地区外，大多数天然骨料是通过疏浚或挖掘，从天然砾石沉积物中提取出来的，并根据不同的颗粒大小进行筛分。对于可能含有细小有害颗粒的骨料（壤土、黏土、淤泥等），通常要进行额外的筛分或清洗。

碎骨料是天然骨料的另一种形式，由机械粉碎天然硬石产生。这些通常是粗骨料，最小粒径为 4～8mm。添加碎骨料一般会导致混凝土难以施工，所以只在特殊应用中使用，例如没有或很少有合适的天然圆形砾石的区域。

轻骨料用于制造轻质、结构密集的混凝土，相对密度≤2000kg/m^3。轻混凝土具有良好的隔热性能，可减轻结构重量。大多数商业上的产品要么是天然的浮石，要么是工业制造的，即由膨胀玻璃、黏土或页岩制成的骨料。膨胀玻璃是一种由废玻璃制成的回收产品。把膨胀玻璃压碎后，加入一种气体状成分（如碳尘），利用冶炼过程中的热量燃烧。燃烧过程中产生的气体使熔融玻璃产生泡沫，形成大量封闭的玻璃泡沫，冷却时形成颗粒，然后筛分成不同的颗粒大小组。膨胀黏土由含有少量石灰和

图 2.4 混凝土中常见的骨料。(a)天然骨料；(b)轻骨料；(c)碎骨料；(d)再生骨料

细小有机夹杂物的黏土制成，在约1200°C的回转窑中研磨、颗粒化、混匀和烧制。所产生的气体使颗粒变成球形，它们膨胀到原来体积的4～5倍。一旦冷却，颗粒就有一个非常多孔的核心和一个由于烧结而封闭的坚硬表面。膨胀的页岩也以类似的方式制造，尽管它的颗粒不是球形的，而是细长平坦的颗粒[17]。

再生骨料是以前在建筑中使用的无机或矿物材料加工产生的骨料，包括碎混凝土、碎砖石、碎沥青以及这些材料的混合物[18,19]。这些材料的强度通常足以使其成为混凝土的骨料。与天然骨料或轻骨料相比，再生混凝土骨料在其成分和物理性能上表现出更大的波动，这取决于它们的来源[20]。再生骨料比天然骨料吸收更多的水，这需要在配置混凝土的成分时予以考虑。一些建筑材料的使用标准将再生骨料的使用限制在暴露于中等腐蚀的环境情况以内。它们不能用于可能遭受霜冻和除冰盐侵害的结构成分，也不能用于可能遭受严重化学攻击的结构成分。虽然混凝土中再生骨料的使用越来越受到关注，相关的研究成果也层出不穷，但使用量一直保持在比较低的水平[21]。因为对这些骨料的处理过程和材料性能的测试、监测都有着极高的要求，从而使制造和使用它们比使用当地可用的天然骨料要昂贵得多[22]。

由于骨料在任何混凝土中占主导比例（通常占总体积的3/4左右），骨料的组成和性能不可避免地会影响其所含的混凝土的性能，虽然很多时候混凝土的性能也不完全是由骨料的性能所决定的。有时，这些影响会十分明显，例如当新的混凝土难以混合的时候，但在其他情况下，这种影响只会随着时间的推移而变得明显，如碱骨料反应，或在特殊情况下，骨料对化学侵蚀的抵抗能力较低。在今天的许多情况下，由骨料对混凝土产生的潜在不利影响，可以通过仔细设计和/或明智地使用添加剂来改善，甚至完全抵消。因此，尽管骨料的性能在控制混凝土工程质量方面很少具有决定性作用，但了解骨料的潜在影响是混凝土设计实践和达到理想的使用性能的基本先决条件之一。骨料的颗粒大小、密度、形状、强度、材料成分等都可能会对混凝土的最终性能产生影响。

需要注意的是，来自海洋的骨料和一些来自沿海地区的骨料很可能含有氯化钠（普通盐），尽管这可以通过有效的洗涤来将氯化钠含量减少到最小的比例。在许多地区，这是一个严重的问题[23]。氯化物可以促进或大大加剧混凝土中嵌入的钢筋或预应力钢的腐蚀，因此，很多标准都规定了混凝土中允许的氯含量的限制，包括骨料中氯含量的相关指导限制。如果是含有钢筋或预应力钢的混凝土，必须考虑混凝土混合料中的氯含量，同时考虑骨料中的氯含量。氯化物通常对非钢筋混凝土没有危害，尽管它们可能会提高硬化速率，加重任何风化的倾向，并可能损害抗硫酸盐硅酸盐水泥的抗硫酸盐性能。此外，混凝土中的氯化钠增加了活性碱含量和氯含量，这在碱反应骨料组合存在时可能很重要。

硅酸盐水泥还含有一定比例的石膏（水合硫酸钙），它是在制造过程中被添加以控制混凝土硬化特性的。骨料中存在的任何额外数量的硫酸盐都可能导致与水泥化合物的内部反应，从而导致硬化混凝土的膨胀和破坏，特别是当硫酸盐作为易溶的镁盐或钠盐存在时。内部硫酸盐侵蚀的一个潜在原因可能是离散的硫化物颗粒或岩石颗粒中的硫化物，通常是骨料的次要成分；黄铁矿是迄今为止最常见的例子。

黄铁矿（二硫化铁）是岩石和骨料中相对常见的矿物成分，在正常环境条件下的氧化能力取决于矿物的结构和纯度。黄铁矿在暴露于混凝土表面时可以氧化成棕色的氢氧化铁，造成难看的有色区域。碾碎骨料也可能含有黄铁矿和相关矿物，这些在正常密度的混凝土中是不稳定的。在一些变质石灰岩和页岩中还含有风化黄铁矿和磁黄铁矿（$Fe_{1-x}S$）及其氧化产物（各种复杂的硫酸盐）。磁黄铁矿是一种不稳定的硫化铁形式，如果在骨料中，则需要特别的预防措施。已有报告表明，加拿大魁北克省混凝土中内部硫酸盐侵蚀的案例，是由骨料中的磁黄铁矿氧化引起的，而相关的黄铁矿则没有被氧化。

2.3 钢 筋

钢筋用于混凝土中,以提供额外的强度,因为混凝土的张力很弱,而钢的张力和压缩力都很强。钢和混凝土具有相似的热膨胀系数,因此,用钢加固的混凝土结构构件随着温度的变化会经历最小的应力。另外,钢筋制造后可以弯曲,这大大简化了建筑施工,并可以提供预制材料的快速交付。而且,钢筋坚固耐用,能够承受坚固的结构,在结构设计寿命结束以后,也很容易回收。由于近两百年来世界各地钢铁工业的蓬勃发展,钢筋的生产成熟化,并且可以控制成本在很低的水平,这也为钢筋的大量使用提供了可能。

钢筋在各个方向上的性能一般是比较均匀的,其抗剪强度与纵向屈服强度也比较接近。在载荷小于屈服时,钢表现出弹性特性,使结构在重新加载时能够反弹,并且钢的屈服强度不依赖于钢筋直径,可以很容易地提供具有相同钢筋面积的不同组合钢筋的替代。这为在混凝土结构中获得相同性能的方法提供了灵活性。由于混凝土和钢的热特性的相似性,在加热混凝土结构时不会引入额外的应力或偏转。

目前,常用的钢筋有以下种类。

(1)碳钢钢筋:这是最常见的钢筋类型,有时被称为“黑钢筋”。它的用途非常广泛,但它比其他类型的钢筋更容易腐蚀,使它不适合用于高湿度的地区或需要经常暴露在水中的结构中。然而,许多人认为碳钢钢筋是所有其他类型的建筑的最佳选择。

(2)焊接钢丝网:由一系列直角排列的钢丝构成,并在所有钢丝交叉处进行电焊接。它可以用于地面压实良好的地面板上。较重的焊接钢丝网可以用于墙壁和结构楼板。这通常用于道路路面、箱形涵洞、排水结构。

(3)环氧涂层钢筋:价格昂贵,用于将与盐水接触或即将出现腐蚀问题的地方。

(4)不锈钢钢筋:不锈钢可作为碳钢钢筋的替代钢筋。使用不锈钢钢筋不会产生电化腐蚀,在可能存在腐蚀问题或修复困难和昂贵的地区,它可能是一种经济有效的解决方案。然而,这些钢筋的价格至少是环氧涂层钢筋的好几倍。

(5)镀锌钢筋:其耐腐蚀性是碳钢钢筋的40倍,这使它们非常适合用于那些会严重暴露在潮湿条件下的结构。然而,它们的价格也很昂贵。

另外,还有欧洲使用的一些钢筋,通常含有一定量的锰,所以它们更容易弯曲。它们不适合用于容易受到极端天气条件或地质影响的地区,如地震、飓风或龙卷风。

2.4　其他添加剂

混凝土外加剂是指对混凝土的技术性能和设计性能有特定的有利影响的材料,包括原水泥、水、骨料三元混合料中没有的所有材料[14]。

外加剂是将其他的固体混合到新鲜的混凝土中。它们的含量相对较大,因此在设计混凝土成分时必须考虑到它们的数量和体积。经典的添加剂是粉状无机材料,如粉煤灰、硅粉和颜料。最后两种通常以液体形式加入,其为分散体(浆液),固体首先在水中精细分散,使混合更容易,剂量更精确。在混凝土技术中,外加剂构成新浇铸混凝土和硬化混凝土中砂浆或水泥基体的一部分。

添加剂可分为两类。

Ⅰ型添加剂不具有水硬性,因此不参与水泥浆的硬化反应。这些材料可以通过它们对混凝土结构的物理作用来积极地影响新鲜混凝土和硬化混凝土的性能,因为它们填充了颗粒之间的空隙。岩石粉和颜料是这种类型的添加剂。这类添加剂主要为粉煤灰。它们具有潜在的水硬性效应,即引起水泥浆体的硬化反应,从而有助于提高其强度。粉煤灰是由天然煤的不燃成分产生的,其以球形颗粒为主,可提高新浇混凝土的可加工能力。粉煤灰通常在混凝土中可以替代少于一半的水泥[24]。粉煤灰可以看作是人工火山灰，其化学成分和玻璃状态取决于燃烧的煤中含有的杂质。有些粉煤灰含有很少的石灰，有些则富含硫。一般来说，粉煤灰的粒度分布接近于硅酸盐水泥。它们可能含有一定数量的结晶颗粒（颗粒大小相当粗），主要是由于这些粗杂质没有足够的时间来熔融[25]。粉煤灰也可能含有一定比例的未燃烧的煤，在某些情况下，这些颗粒被烟灰覆盖。在使用水泥外加剂时，这种未燃烧的碳和/或烟灰的存在可能会造成严重的问题，因为碳和/或烟灰颗粒可能会吸收一些外加剂。

Ⅱ型添加剂是硅粉，它是生产晶体硅的副产品，硅粉颗粒由于其快速淬火而成为玻璃体，再加热后，二氧化硅结晶为菱石，颗粒通常为灰色，根据其碳和铁含量，颜色较暗或较浅。它比水泥要细得多，颗粒的平均直径约为 0.1mm，所以它可以填充和压实新鲜混凝土与凝固混凝土中颗粒之间的空隙。在混凝土中加入硅粉可以促进骨料与水泥基体之间的黏结，并能有效地提高其强度，因此可用于制造抗压强度远高于 $60N/mm^2$ 的高性能混凝土。由于其更有效，添加的硅粉通常比粉煤灰少得多[26]。

黏土矿物也是一种混凝土的添加剂。黏土是由氢氧根离子结合不同离子组成的硅酸盐。纯高岭石（$2SiO_2 \cdot Al_2O_3 \cdot 2H_2O$）是用于制造瓷器的黏土。它是一种由正四面体二氧化硅和八面体氢氧化铝离子组成的铝一硅酸盐，其中铝离子位于八面体的中心。当高岭石在 450～750℃加热时，一些水分子离开高岭石层，向偏高岭土转化，呈现出无序的结构。四面体末端的硅离子可以与在 C_3S 和 C_2S 水化作用下释放的石灰发生反应，形成 C—S—H。腓尼基人和罗马人很早就注意到，烧碎的砖、瓷或陶器可用于制作坚固的灰浆。在建造位于巴西和阿根廷边境的伊泰浦水电站期间，巴西使用了大量的偏高岭土，以减少必须用卡车运输到这个非常偏远地区的水泥的用量。此外，偏高岭土的使用有助于降低大坝浇筑大量混凝土时的升温效应[9]。

根据一些国家的标准，还可以用填料来代替15％～35％的硅酸盐水泥熟料。填料通常是一种粒径分布接近于硅酸盐水泥的材料，它本身不具有任何黏结性能，或者在某些情况下可能具有非常弱的黏结性能。当对熟料的矿物成分、细度和石膏含量进行改性时，可以获得与普通硅酸盐水泥几乎相同的28天抗压强度，并在温和气候下具有令人满意的耐久性。然而，这种水泥必须在恶劣的海洋和极寒环境中非常谨慎地使用。在这种情况下，最好降低这些混凝土的水灰比，以提高其短期和长期强度。最常见的填料是石灰石，可直接通过粉碎用于生产熟料的石灰石而获得。对于一个水泥生产商来说，它的生产成本是很便宜的，而且这是一种非常经济的解决方案，因为这部分混合水泥不需要通过窑炉。但需要注意的是，含有较多的石灰石填料的混凝土，可能更容易受到硫酸盐侵蚀而使得混凝土快速劣化[27]。

除了这些添加剂，在水泥、混凝土里面还会添加其他的一些物质，发挥特定的作用，例如减水剂[26]。一般来说，一旦停止搅拌，低黏度液体如水与水泥、沙子和骨料等相对较重的颗粒的混合物就不会保持均匀的混合。为了尽量减少这些影响，混凝土的含水量被保持在较低的水平。如前面所述，保持一定的水灰比支配着混凝土和砂浆混合物的流动或流变学，通常用可操作性这个模糊的术语来描述这些复杂的影响。保持低含水量，同时达到可接受的可操作性水平，这样可以达到给定水泥含量的更高强度，以及降低渗透率和减少收缩。减水剂（也称为增塑剂）可以发挥这样的作用，它们都是亲水的表面活性剂，当溶解在水中时，会防止水泥颗粒的絮凝和聚集，产生特定稠度或特定可操作性的混凝土，同时所需的水更少。这种效应是由这些减水剂中分子量较大的阴离子在水泥表面的吸附引起的，导致单个颗粒的相互排斥和颗粒间摩擦的减少[28]。聚羧酸盐是目前常见的减水剂[29]。

第三章
钢筋混凝土的老化与腐蚀

长期以来，人们普遍认为钢筋混凝土结构是非常坚固耐久的，几乎不需要特别关注它们的破坏。然而事实与之相反，作为工业时代出现的最重要的建筑材料，钢筋混凝土的使用寿命也是有限的。即便是那些按照严格标准制造的水泥和钢筋，并在后期得到精心浇筑和养护的钢筋混凝土结构，在一定的腐蚀因素存在的环境中，也很可能会逐渐失去耐久性，造成严重后果[30]。然而，钢筋混凝土的劣化和腐蚀是一个非常复杂的问题，里面涉及钢筋的电化学反应、水泥和骨料原料的性质、外界环境的影响等。只有弄清楚了钢筋混凝土出现不同类型病害的原因和机理，才有可能对症下药，开发相应的诊断和保护处理方法。

3.1 冻融破坏

当温度在0℃以上的时间较长时，结构体表面的水分将沿着结构表面的孔隙或毛细孔通路向结构内部渗透；当温度降低为0℃以下时，其中的水分结成冰，产生膨胀，膨胀应力较大时，结构出现裂缝。结构件表面和内部所含水分的冻结与融化交替出现，称为冻融循环。在一些寒冷的地区，由于昼夜温差较大，很容易发生冻融破坏。冻融作用产生的结冰压力，一方面可以诱发微裂纹，另一方面会产生表面腐蚀，使表面砂浆层剥落，骨料暴露。

冻融现象产生的原因很多，一般都是发生在寒冻地区和使用除冰盐的地区，甚至仅仅经过一个冬天的时间，如果没有合适的保护措施的话，暴露在外的混凝土就有可能出现严重的破坏。研究发现，混凝土的抗冻性受饱水度的影响很大，一般认为饱水度高于90%时，混凝土就很容易受到冻融的破坏，但在某些情况下，较低饱水度的混凝土也可能会发生冻融破坏。四季分明的地区也会有冻融现象的产生，主要原因就是大气温度的下降，水土发生冻结，出现冰晶体，导致土体体积膨胀，引起变形。

混凝土的冻融破坏过程是一个比较复杂的物理过程。一般认为，冻融破坏主要是因为在较低温度下，水结冰产生体积膨胀，过冷水后发生迁移，引起膨胀压力，当压力超过混凝土能承受的应力时，混凝土内部孔隙及微裂缝逐渐增大、增多，并互相连通，使得混凝土的强度逐渐降低，造成混凝土的破坏。当饱和混凝土逐渐冷却到0℃以下时，水（其中还含有各种溶解的离子，主要是钠离子、钾离子和氢氧根离子等）不会立即全部结冰。由于水泥浆体中的孔径大小不一，而在这些微孔中，水的凝固点是孔径的函数。通常，结冰首先发生在较大的孔隙中，并逐渐在越来越小的孔隙进行。例如，在10nm的孔隙中，结冰温度为－5℃；在3.5nm的孔隙中，结冰温度为－20℃。此外，随着水在较大的孔隙中结冰，剩余液态水中可溶盐的浓度会逐渐增加，从而进一步降低冰点。此外，在远低于－40℃的温度下，水仍将保持部分液态，因为吸附的水分子与孔隙壁之间的相互作用会阻止它们进入冰结晶的结构，即水变得过冷。而吸附在C—S—H表面的水最终可能迁移到已经形成冰的孔隙中。如果混凝土没有通过加气处理而得到保护（通常是在混凝土中添加少量的表面活性剂，使得硬化后的混凝土内部存在很多连续分布的气泡，从而缓解结冰时产生的膨胀压力），水的冻结伴随着严重的膨胀，导致内部拉伸应力和开裂。

然而，水结冰产生膨胀压力并不足以清晰解释混凝土发生冻融破坏的过程。实际上很多引起冻融破坏的过程都和水在混凝土内的流动有关。目前提出的冻融破坏理论主要有静水压理论、渗透压理论、冰凌镜理论、基于过冷液体的静水压修正理论、饱水度理论等。其中，静水压理论最具有代表性[31]。混凝土在潮湿条件下，其毛细孔吸满水，混凝土在搅拌成型时都会带一些大的气泡，这些气泡内壁也能吸附水，但在常压下很难吸满水，总还能保留没有水的空间。在低温下，毛细孔中的水结成冰，体积膨胀约9%，趋向于把未结冰的水压缩，于是产生了静水压力，只有当这种水能够通过未结冰的孔隙扩散到一个自由空间时，这种压力才能得到缓解。而如果水距离自由空间太远，无法找到一个可以释放压力的空间，静水压力将不断得到积累，随着更多的水结冰，该压力就可以超过混凝土的抗拉强度，使其开裂或剥落。然而，后来的研究表明，静水压理论不能完全解释在某些情况下观察到的冻融破坏[32]。事实上，水可能正朝着而不是远离结冰位置移动。当孔隙中的冰成核时，相邻液体中的溶质浓度会上升。这将反过来通过渗透的方式从更稀的孔隙溶液中吸取水。因此，当冰开始形成时，水向冰的转化可以产生的渗透压力足以导致混凝土砂浆开裂。同时，根据Mindess等的说法[33]，可能会有一种解吸自C—S—H的水，这导致远离结冰部位的混凝土收缩，而显著的膨胀则发生在结冰位置，导致其开裂，这便是渗透压理论。

关于静水压和渗透压何者是冻融破坏的主要因素，很多学者有不同的见解。Powers本人后来偏向渗透压假说[32]，而Pigeon等的研究结果却从不同侧面支持了静水压假说[34]。渗透压假说和静水压假说最大的不同在于未结冰孔溶液迁移的方向。静水压和渗透压目前既不能由实验测定，也很难用物理化学公式准确计算。一般认为，对于水胶比较大、强度较低以及龄期较短、水化程度较低的混凝土，静水压力破坏是主要的破坏；而对于水胶比较小、强度较高以及含盐量大的环境下冻融的混凝土，渗透压起主要作用。也有研究对静水压理论提出了质疑，认为结冰后混凝土强度反而得到提高。

3.2　硫酸盐侵蚀

硫酸盐侵蚀可能是混凝土受到的化学破坏中最常见、分布最广的一种[35]。硫酸盐广泛存在于土壤、地下水中，也可能来源于酸雨甚至是工业排放物。许多硫酸盐都能溶于水，形成硫酸根离子，这些来自混凝土外环境的硫酸根离子可以轻易渗透混凝土内部，并与混凝土中的一些成分发生化学反应，由于反应产物通常体积更大，因此会使混凝土发生膨胀开裂，并进一步导致混凝土部分脱落。混凝土中能够与硫酸根离子发生反应的成分有很多，包括氢氧化钙、铝酸钙等，如果硫酸根离子的浓度足够高，可能会与混凝土中多个成分同时发生化学反应。因此，土壤或地下水中的硫酸根离子浓度是非常需要关注的指标。一般认为，地下水中硫酸根离子的浓度如果达到几百个 mg/L，就有可能引发比较严重的硫酸盐侵蚀。另外，如果混凝土内含有的铝酸钙的含量比较高，也容易发生严重的硫酸盐侵蚀。

来自外界环境的硫酸根离子能够与混凝土里的成分发生两个化学反应，从而生成不同的产物：一个是与氢氧化钙反应生成石膏(gypsum)，另一个是与铝酸钙反应生成钙矾石(ettringite)。

硫酸根离子与氢氧化钙反应生成石膏：

$$Ca(OH)_2+SO_4^{2-}+2H_2O \longrightarrow CaSO_4 \cdot 2H_2O+2OH^-$$

这个反应会引起混凝土体积膨胀超过 100%，并让硫酸根离子更容易渗透进入混凝土内部而与其他成分继续发生反应。值得注意的是这个反应会消耗混凝土中的碱性成分氢氧化钙，如果有持续含有硫酸盐的水流经过混凝土表面，这个反应可能会极大程度上降低混凝土的碱性，这对于钢筋的保护是不利的。另外，硫酸根离子不太可能直接与水合硅酸钙发生反应，因为它们的溶解度比硫酸钙等还要低。

硫酸根离子还可以与铝酸钙反应生成钙矾石：

$$Ca_4Al_2(OH)_{12}SO_4 \cdot 6H_2O+2CaSO_4+20H_2O \longrightarrow Ca_6Al_2(OH)_{12}(SO_4)_3 \cdot 26H_2O$$

这个反应的产物钙矾石也会引起混凝土的体积膨胀。一些研究认为生成钙矾石的反应可能比生成石膏更有害，因为钙矾石的体积比石膏要大，也有一些研究认为钙矾石引起的膨胀比石膏还要小，而且钙矾石膨胀引起混凝土劣化的确切机理还不太清楚。

硫酸根离子的来源可能有硫酸钠、硫酸镁和硫酸铵等。其中，硫酸镁更具有侵蚀性，它能够将水合硅酸钙分解：

$$CaO \cdot SiO_2 + MgSO_4 + 3H_2O \longrightarrow CaSO_4 \cdot 2H_2O + Mg(OH)_2 + SiO_2$$

因此，长期受到硫酸镁侵蚀的水泥砂浆，都会有大量的石膏生成，而且在表面容易形成一层坚硬致密的壳层，这是沉积的氢氧化镁堵塞了砂浆的孔隙造成的。所以，硫酸钠侵蚀的混凝土通常会呈现出酥软破碎的状态，而硫酸镁侵蚀的混凝土则会脱落成坚硬的颗粒。

相对而言，硫酸铵的侵蚀比较少见，但可能比其他硫酸盐的侵蚀作用更强，它与氢氧化钙反应生成氨气，也能与水合硅酸钙反应生成无定形二氧化硅，使得混凝土的强度减弱。

当硫酸根离子和碳酸根离子同时存在的时候，还有可能会共同作用于水合硅酸钙，使其发生分解，生成硅灰石膏(thaumasite)：

$$3CaO \cdot 2SiO_2 \cdot 3H_2O + 2(CaSO_4 \cdot 2H_2O) + 2CaCO_3 + 24H_2O \longrightarrow 2(CaSiO_3 \cdot CaSO_4 \cdot CaCO_3 \cdot 15H_2O) + Ca(OH)_2$$

硅灰石膏的晶体结构和钙矾石比较接近，它容易在阴冷潮湿的环境中生成，有时会跟钙矾石同时生成。碳酸根离子可能来自混凝土的碳化产物，也可能来自水泥原料里面的石灰石骨料。硅灰石膏本身是一种较软、没有太大强度的物质，因此它的生成最终会导致混凝土的脱落。

除了外界环境提供硫酸根离子而造成混凝土的劣化之外，混凝土内部本身存在的硫酸根离子也可能会导致侵蚀反应的发生，甚至在硫酸盐含量很低的情况下也可能会发生[36]。这是因为水泥中可能会添加一些石膏，或者因骨料受到污染而引入了硫酸盐。在混凝土浇筑的初期，在水泥的水化过程中会生成钙矾石，但是在混凝土浇筑之后的初期，混凝土内部温度可能超过 70℃，这会导致最初生成的钙矾石发生分解，使得硫酸根离子和铝酸根离子吸附在水合硅酸钙上。当温度下降的时候，这些离子就被释放出来，继而与铝酸钙反应生成钙矾石。这个过程被称为钙矾石延时生成(delayed ettringite formation，DEF)[37]，可能会持续很长一段时间，特别是对于大规模浇筑的混凝土结构，内部温度较高，硬化时间比较长，在暴露于潮湿饱水环境中，特别容易出现 DEF。一般来说，DEF 容易导致水泥浆与骨料的界面处出现膨胀开裂，当骨料越大的时候，出现的裂缝就越大。还有研究发现，DEF 与其他类型的混凝土劣化现象也可能存在一定的关联，例如碱骨料反应等。虽然有许多研究致力于弄清楚 DEF 的发生机制，但由于影响 DEF 的可能因素太多，许多研究还存在一些争议，因此，DEF 的科学原理仍然是一个有待解决的问题[38]。

需要注意的是，硫酸盐侵蚀并不是一个独立的过程，硫酸盐一般都需要阳离子的调节来平衡，而这些阳离子的存在也是不能够被忽视的。例如钠离子、钾离子，它们并不会形成不溶于水的物质，但是会影响溶液的 pH 值，并且会和存在的二氧化碳产生不可忽视的相互作用。而钙离子和镁离子，尤其是镁离子，它们会通过形成不溶于水的物质来改变反应的过程。例如，镁离子形成氢氧化镁以及碳酸铝镁等。正是因为阳离子和阴离子的反应不可独立分开考虑，也就意味着有许多种腐蚀破坏的方式。

另外，前述关于硫酸盐侵蚀的现象都是硫酸根离子与混凝土之间发生化学反应的结果，这是一种化学侵蚀。同时，还存在一种硫酸盐的物理侵蚀，即可溶性的硫酸盐，随着水分在混凝土内部迁移，发生的溶解—结晶的往复循环，最终造成混凝土的破坏。最常见的有硫酸钠，随着水分的蒸发，结晶后形成十水硫酸钠，其体积可以增大很多倍，结晶引起的膨胀很容易导致多孔性的混凝土内部发生破坏。这样的破坏在海工建筑中很常见，因为混凝土会遭受到持续的干湿循环[39,40]；另外在一些地下水中硫酸盐含量比较高的地方，混凝土也容易遭受到这样的物理破坏。

3.3 碱骨料反应

混凝土中含有一些骨料，可能是砂石、石灰石、燧石等。水泥中也含有一些碱金属离子，如钠离子、钾离子等。在水泥水化的反应过程中，还会生成碱性的氢氧根离子，这些离子可能会发生反应，生成一些凝胶状物质，体积有所膨胀，这就是碱骨料反应（alkali aggregates reaction，AAR）[41]。碱骨料反应会引起混凝土膨胀开裂，有时在裂缝处还会流出白色胶状物质，还会导致混凝土表面出现鼓包，进而分离脱落。碱骨料反应是一种非常缓慢的化学反应，有时在混凝土结构建成几十年之后才会出现明显的破坏现象，但它的持续发展会给混凝土结构安全造成重大影响。根据骨料的不同，碱骨料反应可分为两种类型：一种是含有二氧化硅成分的反应，叫做碱—硅反应（alkali silica reaction，ASR），这是最重要的一种碱骨料反应；还有一种是含有石灰石成分的反应，即碱—碳酸盐反应（alkali carbonate reaction，ACR）[42]。

碱—硅反应的发生需要一些特定的条件，具体包括：

（1）骨料里面包含硅酸盐成分，例如石英、燧石、玉髓石、蛋白石等。一些骨料中含有一定比例的活性二氧化硅，这些活性物质在水中会以正硅酸[$Si(OH)_4$]的形式存在，正硅酸容易与碱性物质发生反应。

（2）孔隙液里面有足够的碱金属离子。这些碱金属通常在水泥里面以它们的氧化物形式表示，例如 Na_2O、K_2O 等，它们在水泥中的质量百分数可以用有效碱含量来表示（Na_2O_{eq}）。经验认为，这个数值小于0.6%就是低碱水泥，就不太容易发生碱骨料反应而导致混凝土膨胀开裂。

（3）需要有足够的水，因为反应只发生在潮湿环境，当环境湿度小于80%时，骨料中的活性二氧化硅与碱金属离子可以不发生反应。

碱—硅反应的主要化学方程式为：

$$2(Na/K)OH + SiO_2 + H_2O \longrightarrow (Na/K)_2 \cdot SiO_3 \cdot 2H_2O$$

反应生成的碱硅凝胶能够吸水膨胀，进而造成破坏。混凝土中还会存在钙离子，参与碱－硅反应生成钙－碱－硅水合物凝胶[$CaO-(Na/K)OH-SiO_2-H_2O$]。这种凝胶不会膨胀，因此对混凝土的影响比较小。游离的钙离子主要来源于氢氧化钙，其含量主要取决于碱金属浓度，因为氢氧化钙的溶解度与碱金属浓度成反比。因此，对于碱金属含量比较高的混凝土，由于氢氧化钙的溶解度降低，游离的钙离子减少，主要反应产物是可以吸水膨胀的碱硅凝胶。这种凝胶的黏度很低，可以从骨料逐渐扩散出来，而 $CaO-(Na/K)OH-SiO_2-H_2O$ 凝胶的黏度比较高。

相对于碱－硅反应，碱－碳酸盐反应发生的频率比较低，主要在使用白云石灰石[$CaMg(CO_3)_2$]作为骨料的混凝土中出现。这种骨料含有相当多的碳酸钙成分，晶体间由黏土颗粒连接。骨料中白云石含量可能会影响碱－碳酸盐反应造成的膨胀，一些研究认为含量在 60% 左右会引起最大的膨胀。

碱－碳酸盐反应首先会发生骨料的脱白云作用(dedolomitization)，方程式为：

$$CaMg(CO_3)_2+2(Na/K)OH \longrightarrow Mg(OH)_2+CaCO_3+(Na/K)_2CO_3$$

这个反应生成的碱金属碳酸盐，会跟氢氧化钙继续反应，重新生成碱性物质：

$$(Na/K)_2CO_3+Ca(OH)_2 \longrightarrow 2(Na/K)OH+CaCO_3$$

重新生成的碱性物质会继续参与上面的脱白云作用。然而，脱白云作用的产物并不是一种可以吸水膨胀的凝胶。一种解释认为 ACR 造成的膨胀是由于粗骨料中的白云石颗粒与碱发生反应后，粗骨料自身会膨胀。但近年来的研究认为，脱白云作用不会造成膨胀，含有白云石灰石骨料的混凝土出现膨胀开裂主要还是因为碱－硅反应。因此，所谓的碱－碳酸盐反应只是碱－硅反应的一个特例。这种说法正在被越来越多的研究成果所证实[43]。

3.4　碳化反应

新制备出来的混凝土碱性比较强，pH 值可达 12～13，能保护内部的钢筋不受腐蚀的影响。这种碱性的主要成分是由水泥在进行水合作用时所产生的碱性物质，主要是氢氧化钙。经过一段时间后，空气中 CO_2 渗透到混凝土内部，与碱性物质发生化学反应后生成碳酸盐和水，使混凝土碱性降低，并且造成建筑材料退化的过程称为混凝土碳化，又称作中性化，其化学反应为：

$$Ca(OH)_2 + CO_2 \longrightarrow CaCO_3 + H_2O$$

水泥在水化过程中生成大量的氢氧化钙，使混凝土孔隙中充满了饱和氢氧化钙溶液，其碱性介质对钢筋有良好的保护作用，使钢筋表面生成难溶的铁氧化物，能够有效防止铁的锈蚀，因此称为钝化膜。

混凝土的碳化作用一般不会直接引起其性能的劣化，对于素混凝土，碳化还有提高混凝土耐久性的效果，但碳化反应使混凝土的碱性降低，当碳化深度超过混凝土的保护层时，在水和空气存在的条件下，就会使混凝土失去对钢筋的保护作用，钢筋开始生锈。当然，碳化正面穿透混凝土的速度是不断下降的。首先，CO_2 气体必须进一步渗入混凝土。其次，混凝土继续发生水合反应，并随着时间而变得更加致密，透水性下降。最后，碳化本身还降低了混凝土的透水性，一方面是因为碳酸盐在现有孔隙中沉淀，另一方面是因为碳化反应会释放水，可能促进水泥的水化反应。

碳化反应的另一个不容忽视的问题是它会造成钙的流失，这主要是 CO_2 溶于水后生成碳酸，然后与碳化反应的产物碳酸钙继续发生反应，生成可溶于水的碳酸氢钙。但这个反应也是可逆的，一旦溶液中 CO_2 的浓度不够了，反应可能逆向进行，出现碳酸钙的沉淀。

通常，人们以为碳化过程主要是氢氧化钙参与反应，但最近的一些研究发现，当氢氧化钙消耗完毕时，混凝土里面的水合硅酸钙，甚至钙矾石也可能会参与碳化反应[44]。而且一般认为氢氧化钙的碳化，会引起一定的膨胀，使得混凝土的孔隙率降低，这也是一般的碳化还能提高混凝土耐久性的原因；但水合硅酸钙的碳化却会产生收缩，使得混凝土的孔隙率升高，对其耐久性不利。这也说明碳化反应对于不同的混凝土的影响可能是不一样的，例如对于氢氧化钙含量较低的混凝土，碳化对混凝土的力学性能可能会有负面影响。

由于碳化反应都是从混凝土表面开始，并逐步进展到其内部，因此，检验混凝土的碳化程度通常都需要获取其截面，并在表面喷洒含酚酞的乙醇溶液。在碳化的区域，溶液颜色不变，而在碱性区域会呈现粉红色。这也是在对混凝土进行劣化程度判断时常用的手段。但是，在 pH 值大于 9 的时候，酚酞就会呈现红色，因此混凝土从最初始的 pH 值（大于 11）开始发生碳化，酚酞可能检测不到碳化的存在，只有当混凝土保护层完全碳化并且 pH 值小于 9 的情况下，才能够通过这个办法准确知道碳化深度。

当碳化到达钢筋表面的时候，钢筋表面的钝化层逐渐消失，这时水和氧气共同作用可能会使得钢筋发生腐蚀，在典型的大气环境下，如果环境非常潮湿，钢筋的腐蚀反应会非常迅速，而如果周围的相对湿度比较低，钢筋的腐蚀可以是比较缓慢的。因此，对于在一些室内环境或者半封闭条件下的钢筋混凝土结构，即使混凝土完全碳化，钢筋的腐蚀仍然不会太明显，一旦因为某些因素，有大量的水渗至混凝土之中，腐蚀速率就会加快。

影响混凝土碳化速度的因素是多方面的[45]。首先，影响较大的是水泥品种，因不同的水泥中所含硅酸钙和铝酸钙的量不同，在硅酸盐水泥中，钙的含量较大，能够反应的 CO_2 量也就更大；其次，影响混凝土碳化主要还与周围介质中 CO_2 的浓度高低及湿度大小有关，在干燥和饱水条件下，碳化反应几乎终止，所以这是除水泥品种影响因素以外的一个非常重要的原因，而在湿度为 50%～70%时，碳化的速率可能是最为迅速的；再者，在渗透水经过的混凝土时，钙的溶出速度还将决定于水中是否存在影响 $Ca(OH)_2$ 溶解度的物质，如水中含有 Na_2SO_4 及少量Mg^{2+}时，石灰的溶解度就会增加，如水中含有$Ca(HCO_3)_2$的$Mg(HCO_3)_2$溶液对抵抗溶出侵蚀十分有利，因为它们在混凝土表面形成一种碳化保护层。另外，混凝土的水灰比、渗透系数、透水量、混凝土附近水流速度、结构尺寸及养护方法与混凝土的碳化都有密切的关系。

3.5 氯离子侵蚀

混凝土中的氯离子可能有多种来源，比如是制造混凝土的原材料。在过去，氯化钙($CaCl_2$)曾被作为混凝土的促凝剂而被加入混凝土的拌合物中，还有含较高氯离子浓度的拌合水、未被充分清洗的海砂等。现在，一般对于混凝土中氯离子的含量都有比较严格的要求，但外界环境仍然会有一些氯离子渗透进入混凝土，例如对于海洋附近的结构，海水中的氯离子会很容易进入内部。在比较寒冷的地区，会使用大量的除冰盐，其主要成分就是氯化钙，这也会引入大量的氯离子。

进入混凝土内部的氯离子可以溶解在水里并以自由离子的方式扩散，也可以通过与其他物质的化学或物理结合的方式存在于混凝土中，特别是与铝酸盐类物质结合[46]。结合的氯离子一般不会引起钢筋的腐蚀，但它们也可能在某些条件下释放出来而成为自由离子，例如在碳化的条件下。自由氯和结合氯的测定与评估对于混凝土的耐久性是非常重要的，目前已有一些混凝土中氯离子含量测定的标准文件。

对于氯离子的侵蚀，目前主要有三种理论。

(1)氯离子比其他离子更容易通过铁表面的孔或膜缺陷来穿透钝化膜。

(2)氯离子被吸附在金属表面，与溶解的二氧化碳或氢氧根离子构成竞争性作用。

(3)氯离子与氢氧根离子竞争以产生含铁离子的腐蚀产物，并形成可溶性的铁的氯化物，它们可以从金属表面扩散，破坏铁氧化物的保护层，并使得腐蚀延续下去。

也有研究认为氯离子会降低氢氧化钙的溶解度，从而降低孔隙液的pH值，并且氯盐吸湿性比较强，可能会引起混凝土的含水量增大。

众所周知的是，氯离子可以轻易破坏混凝土中钢筋表面的钝化膜，使得钢筋表面局部位置发生腐蚀，也就是出现点蚀的现象。在点蚀位置，会出现一个电化学微环境，已经活化的区域作为阳极，附近还处于钝化状态的区域作为阴极，电流方向为从阳极位置到阴极区域，在阳极区域产生氢离子，使碱性进一步降低，而在阴极位置相反，会产生氢氧根离子，促进钝化区的形成，这会在钢筋表面逐渐形成点蚀坑，使得钢筋的截面变小。钢筋表面点蚀的发生通常不易观察，因为它不太会引起钢筋周围的混凝土开裂或脱落。

海洋或附近的混凝土中也容易发生氯化物腐蚀。不仅是放置在海上的混凝土有氯离子侵蚀的风险，而且在桥梁结构的面板底侧也发现一些腐蚀现象，因为它们容易因荷载而挠曲和开裂，使得氯离子容易进入钢铁。钢筋混凝土受海水中盐的影响也可以发生在距离海岸几公里的结构中。这种情况最常发生在热带地区或亚热带地区，南非、意大利、加利福尼亚和南太平洋的国家都有这样的报道。这些损害不是对混凝土本身的化学侵蚀造成的，而是由于吹向内陆的海风携带着海水，海水里的盐在混凝土中积累，通过润湿和干燥逐渐向内迁移到钢筋，从而造成腐蚀[40]。

一个重要的问题是氯离子含量到达多少时，才会引发腐蚀过程。这里通常指的是混凝土中总氯离子的含量，包括自由氯和结合氯。过去已有大量的文献报道了这方面的研究成果，但结果相差很大。有的会用氯离子占水泥质量的比例来判断腐蚀风险。一些国家和地区的经验表明，这个比例大于1.0%的时候，钢筋混凝土就处于高腐蚀风险。而一个较为普遍的认识是，当孔隙液中[Cl^-]/[OH^-]这一比例大于某个阈值的时候，腐蚀会更容易发生。这也容易理解，因为OH^-的浓度越高，碱性越强，即便氯离子含量也比较高，腐蚀也不容易发生。在不同的研究成果里面，这个阈值的差别非常大，也正是在这一点上，科学家和工程师对于钢筋的氯离子侵蚀为什么、何时和怎么发生，还未能给出一个清晰的解释[47]。

图 3.1 为氯离子浓度和 pH 值对钢筋腐蚀的影响。

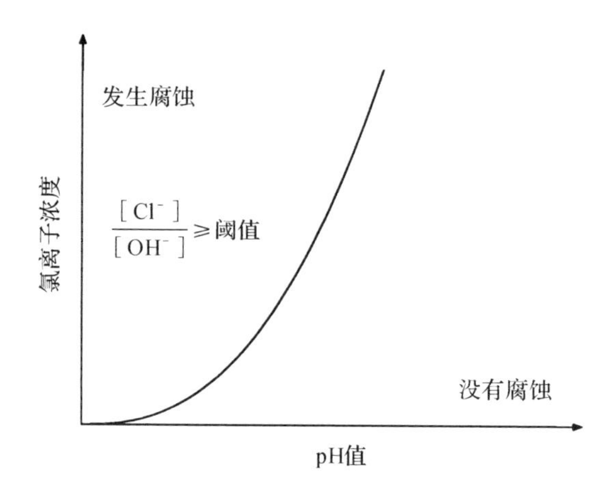

图 3.1 氯离子浓度和 pH 值对钢筋腐蚀的影响

3.6 钢筋的腐蚀

前面提到的钢筋混凝土的几种劣化和腐蚀类型，例如氯离子侵蚀、碳化反应，最终都会导致钢筋发生锈蚀[48]。钢筋的锈蚀是钢筋混凝土结构最重要的破坏因素，因为钢筋锈蚀产物膨胀会造成混凝土保护层开裂脱落，也会大大降低其结构强度和耐久性。据估计，全世界每年因为钢筋锈蚀造成的基础设施损失可达数百亿美元以上。

通常来说，混凝土层可以为钢筋起到保护作用，因为水泥水化过程会产生高碱性环境，其 pH 值通常高于 12。在这种条件下，钢筋(铁)的表面会形成钝化层，厚度一般只有十几个纳米，主要成分为铁的氧化物/氢氧化物。当钝化层部分或完全失去作用的时候，也就是出现脱钝现象，钢筋失去了保护，便在水和氧气的作用下发生锈蚀(图 3.2)。

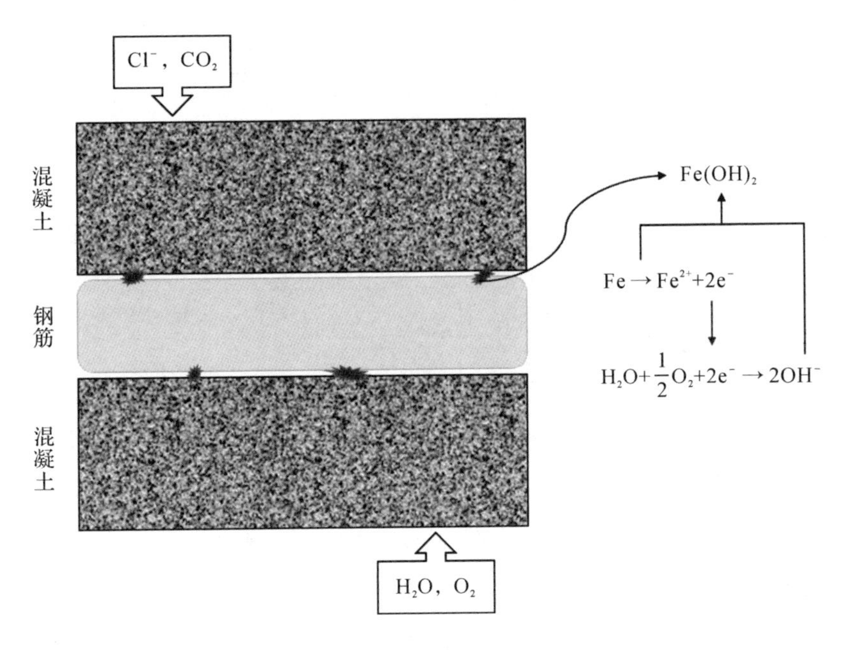

图 3.2 混凝土中钢筋锈蚀过程

铁的腐蚀是一个电化学过程,包含阴极和阳极两个半电池反应。

阳极可能发生的反应:

$$Fe \longrightarrow Fe^{2+} + 2e^-$$

$$2Fe + 3H_2O \longrightarrow Fe_2O_3 + 6H^+ + 6e^-$$

$$3Fe + 4H_2O \longrightarrow Fe_3O_4 + 8H^+ + 8e^-$$

阴极可能发生的反应:

$$2H_2O + O_2 + 4e^- \longrightarrow 4OH^-$$

$$2H_2O + 2e^- \longrightarrow H_2 + 2OH^-$$

表 3.1 列出了钢筋可能有的腐蚀产物和它们相对于铁的体积情况。

表 3.1 钢筋的腐蚀产物以及它们的体积

腐蚀产物	相对于铁的体积倍数
FeO	~1.6
Fe_3O_4	~2.0
Fe_2O_3	~2.0

续表

腐蚀产物	相对于铁的体积倍数
α-FeOOH	～3.0
β-FeOOH	～3.5
γ-FeOOH	～3.0
$Fe(OH)_2$	～3.7
$Fe(OH)_3$	～3.9
$Fe_2O_3 \cdot 3H_2O$	～6.0

这里的阳极和阴极过程分别导致正、负电荷的积累，但这并不能一直持续。带负电荷的氢氧根离子会向阳极扩散，在那里与亚铁离子相遇，如果阳极和阴极过程以没有过量电子的腐蚀电池的形式结合在一起，就会导致电中和。如果没有外部的电子来源，那么氧化产生的电子将被还原过程完全消耗。因此，阳极的氧化反应速率和阴极的还原反应速率必须相等，而这就控制着腐蚀速率。电子流动的速率反映了腐蚀的速率。控制腐蚀速率的一个重要因素是阴极区域周围溶解氧的量，因为在阴极反应中氧气会被消耗。如果它在金属阴极区域周围的溶液中的供应不连续，则腐蚀反应可能会受到限制。钢筋表面被混凝土覆盖，就可能出现这种情况，因为混凝土保护层减缓了氧气从周围环境扩散并到达钢筋的情况。在这种情况下，腐蚀的速率变为“扩散控制”，这意味着它受到氧气通过混凝土覆盖层的扩散速率的调节。由氧气的缓慢扩散所控制的腐蚀速率的限制显著降低了阳极区域和阴极区域之间的电位差，这种效应被称为“极化效应”，这个过程被称为“极化”。影响混凝土中钢筋腐蚀的另一个重要因素是钢筋周围混凝土孔隙中离子流动速率的限制。如果带有电荷的离子的流速很慢，那么腐蚀反应只能以缓慢的速度进行。当阳极和阴极之间的混凝土电阻较高时，就会发生这种情况[49]。实际上，由于干燥混凝土的电阻率较高，就不易出现钢筋腐蚀现象。因此，测量混凝土保护层的电阻率有时可以指示腐蚀反应进行的速度。

钢筋腐蚀引起的最常见问题是混凝土保护层开裂脱落，如图 3.3 所示。与大多数其他腐蚀问题相比，混凝土中钢筋腐蚀的重要因素是氧化物的体积和形成部位。对于混凝土中的钢筋，主要问题是混凝土孔隙溶液是静态的，不能使腐蚀产物远离钢筋表面，即腐蚀产物沉积在钢筋一混凝土界面。另外，腐蚀产物的体积很大，通常是原钢筋的数倍。再加上混凝土的低抗拉强度，可能小于 100μm 的钢筋径向损失就能导致混凝土保护层的开裂。一般而言，如果混凝土覆盖层的厚度相对于钢筋间距较小，则很可能出现 45°的平面裂缝。当这些裂缝到达混凝土表面时，就会发生剥落。如果钢筋排列紧密，那么裂缝往往会在钢筋平面上扩展，导致混凝土分层[50]。图 3.3 为钢筋腐蚀破坏的不同阶段。

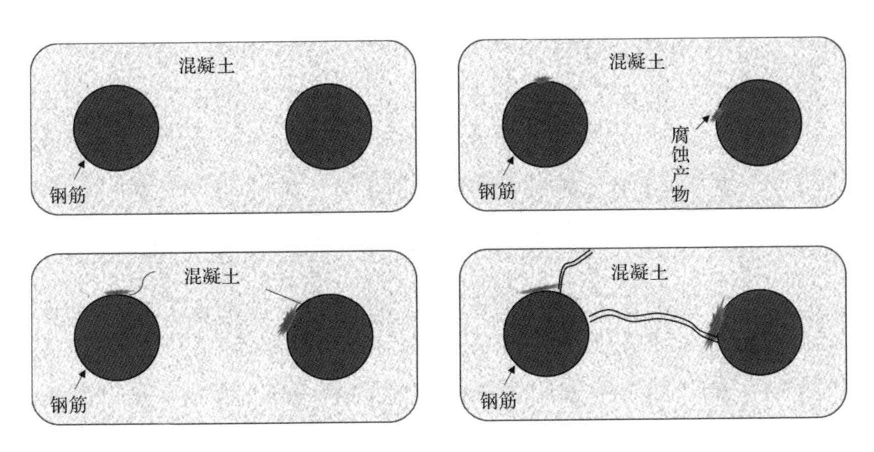

图 3.3　钢筋腐蚀破坏的不同阶段

一般来说，钢筋的腐蚀不会直接造成混凝土结构的完全失效，因为钢筋腐蚀造成的混凝土开裂和脱落是很容易观察到的，可以及时做出适当的响应措施。

第四章

钢筋混凝土建筑遗产的保护方法

从材料性能和结构性能的关系来看，混凝土材料的劣化(表面风化、冻融、盐、碱骨料反应等)对结构性能影响相对较小，而当钢筋发生脱钝、开始初锈后，锈蚀产物挤压混凝土后产生开裂，逐渐失去抵御环境中有害因子的能力，导致钢筋的锈蚀速度加快，结构性能下降的速度也明显加快，这会使得结构比预定服役年数提前失效。多数研究也将服役年数和使用的寿命与钢筋的锈蚀速度进行关联[51,52]。因此，大多数的修复方案都是针对如何预防、减缓和停止钢筋锈蚀的。

钢筋混凝土建筑遗产的修复方法基本参考钢筋混凝土建筑工程的修复标准。欧洲修复标准 BS 1504 主要将结构失效的原因分为了两块：一方面是由于结构、受力和外界环境因素引起的化学、物理相互作用而导致的混凝土劣化；另一方面则是钢筋的锈蚀。其中，保护和修复的技术方法涉及了阻锈剂、结构加固、钢筋和混凝土的表面涂层以及阴极保护法。而 RILEM(Réunion Internationale des Laboratoires et Experts des Matériaux, systèmes de construction et ouvrages)则根据原理，将减缓钢筋锈蚀的方法分为三类：停止阳极过程、停止阴极过程和阻止与离子导体(电解液)接触[53]。Bertolini 等则将修复方法分传统修复方法和电化学保护方法。传统修复方法主要指的是在现状评估调查的前提下，对于去除开裂、碳化和氯离子侵蚀的混凝土，用高碱性、耐久性较好的新的水泥砂浆材料替换没有保护性能的旧混凝土保护层，通过新的保护材料以形成钢筋表面的钝化层，并辅助施加一些附加的能提高耐久性的方法:涂敷保护涂层和阻锈剂以及结构加固;电化学保护方法则包括阴极保护、电化学除氯和电化学再碱化与电迁移阻锈方法[54]。结合以上提到的分类方法,根据处理目的和原理可以总结为图 4.1,而若将保护修复方法对应锈蚀程度整理,则可归纳为图 4.2。

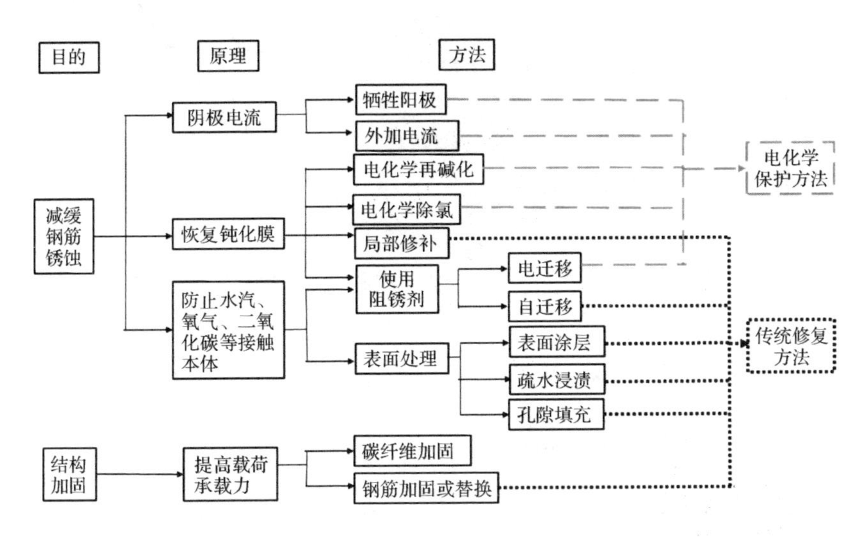

图 4.1　保护修复方法汇总图[25,27]

当混凝土碳化至钢筋深度,或者钢筋附近的氯离子含量达到阈值时(图 4.2),可能在相对较短的时间内,钢筋锈蚀的发展就会导致混凝土保护层的开裂和剥落。但从成本上来说,对于一个不易触及结构本体的建筑,在没有明显外观损伤的情况下,首先会优先选择暂缓其修复。因此,在早期锈蚀开始后,可能在修复之前此建筑仍然使用了很多年。当混凝土的表面问题很明显、建筑已经亟待修复时,对待混凝土结构建筑有效的快速方法是进行更换(直接凿除,重新浇筑)而不是修复,因此很多严重损毁的钢筋混凝土构件很容易被替换掉。而这样直接凿除和替换很显然是不适用于文物建筑的保护。Gaudette 指出对于历史建筑,需要考虑尽可能多地保留原始的部分[55]。Bertolini 等认为,由于在对文物历史建筑修复设计时,需要保存原本混凝土的材质和纹理,因此,修复不能够单单依靠替换和凿除[56]。对于文物历史建筑的处理,应优先

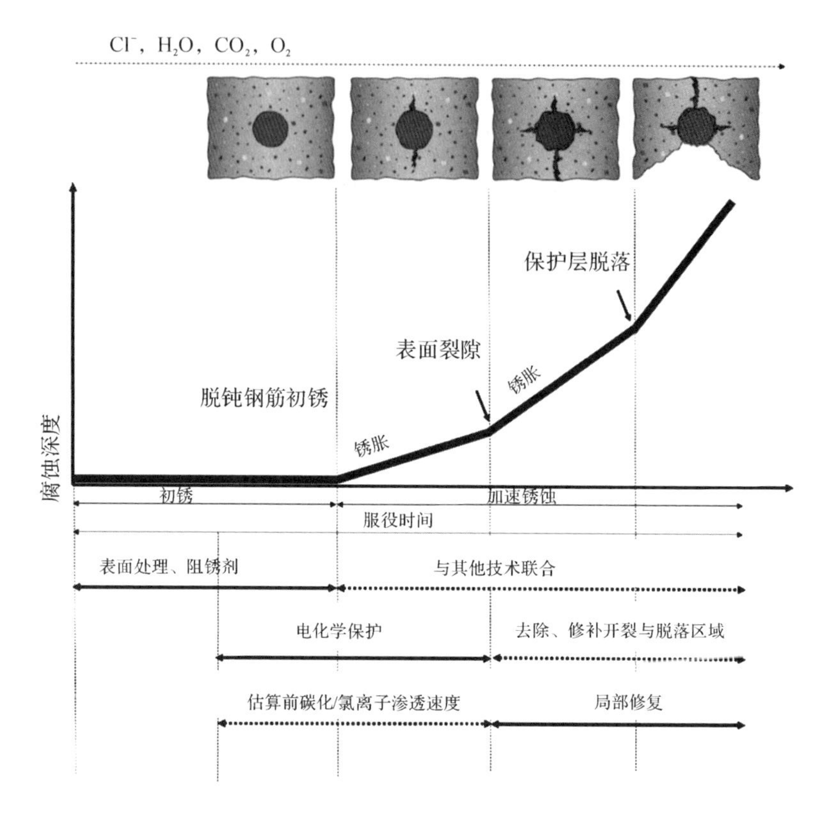

图 4.2 锈蚀程度与相关保护修复技术(根据文献[21,26]修改)

考虑在保持原始混凝土完整的同时,采取减缓腐蚀速率的措施。无论从原真性的考虑还是从干预成本和对建筑本体的影响来看,在早期展开干预和保护是非常有必要的。从图 4.2 中可以看出,如果可以在混凝土表面被破坏之前,对所在环境和保存状况进行评估,诊断出影响因素和可能出现的锈蚀问题的话,可以采用较小的干预措施,比如电化学保护、表面防护、填补裂隙等,减缓钢筋的锈蚀结构性能的衰退。这将对之后修复中,建筑原真性的保存和合理的保护利用有着重要的意义。

在探讨钢筋混凝土建筑遗产修复项目时,大多只限于传统局部修补方法、加固,研究也多为探讨传统修复时的材料兼容性、施工工艺和结构安全[57~59]。而对表面处理、阻锈剂和采取电化学保护等早期干预措施提及较少。本章内容主要涉及局部修复、表面处理和阻锈剂等的使用,电化学方法将在本书第五章有详细介绍。

4.1　局部修复

部分修补和凿除、替换混凝土的修复方法称为局部修补法(patch restoration repair),这是一种常见的混凝土的修复方法[59]。修复时,首先需要根据表面是否产生裂隙和脱落的部分,混凝土的碳化深度、被氯离子污染的深度和氯离子扩散速率,确定混凝土砂浆需要被去除的部分[54]。如果碳化深度在下一次采取修复前就会到达钢筋表面,或者钢筋附近的氯离子浓度到达阈值的话,则该部分受污染的混凝土需要被移除。修复效果的重要参数之一是混凝土基底与修复砂浆之间的兼容性。修补砂浆的干缩率、黏结性、冻融循环等引起的界面应力等都会影响修复的效果[57,60,61]。Morgan 总结了局部修补时需要考虑材料的兼容性因素(图 4.3)[62]。Guo 等也提到,混凝土基底与修复砂浆之间的黏结效果受多种因素的影响:表面的粗糙度、清洗情况、修补砂浆材料的收缩、内部的水汽含量等[63]。此外,用在表面的修补砂浆也需要具有较好的碱性和耐久性,因此,修补砂浆时通常要求较低的水灰比。修补材料可采用普通的硅酸盐水泥,根据需要也可添加粉煤灰、纤维、纳米填料、聚合物粉胶等来改善修补砂浆的干缩、弹性模量以提高与基底之间的兼容性并提高耐久性能[64~71]。

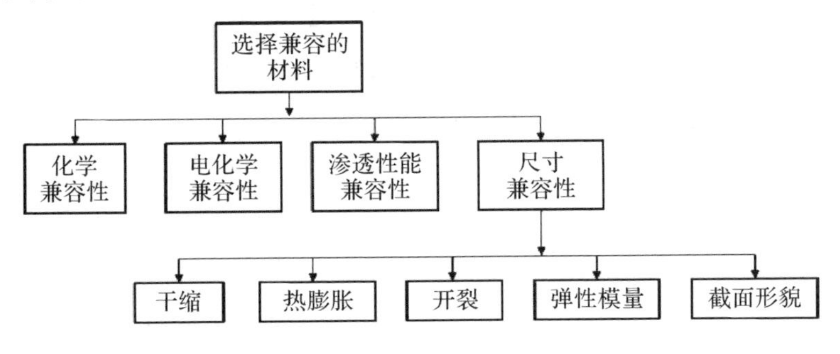

图 4.3　影响局部修复的因素

也有研究指出，局部修补法容易使内部包裹钢筋处产生电位差[72~77]。新旧混凝土之间的碱性差异容易形成孔蚀，造成修复后的构件仍然存在潜在的威胁并可能造成修复的失效[78]。

目前，在钢筋混凝土文物历史建筑的修复中，局部修补必不可少，因此也可见很多其修复的效果和材料选择的意见与讨论[79]。Macdonald 提到，现在有关修补材料的研究很多都是关注干缩、弹性模量等兼容性问题，缺乏对外观和耐久性的评价[80]。Macdonald 等也认为使用高分子聚合物的改性修补砂浆虽然被应用在许多混凝土的修复中，但并不能达到审美和外观上的要求[81]。由于恢复混凝土原初的质感非常困难，修补材料给外观带来影响的问题非常常见，如图 4.4 所示，修补用的材料与原本的材质明显不同。另外需要注意的是，当新的水泥基修复材料暴露在环境温度和湿度下时，它会经历干燥收缩应变。该应变的类型和大小将取决于修复材料的特性、环境的温湿度、修复构件的几何形状等。当诱导的抗拉应力超过其抗拉强度时，修复件就会破裂。这种开裂经常发生，破坏修复部位的水密性，从而有利于来自外部环境的有害物质的渗透。

以下因素可以减少由于修复材料的抑制收缩而引起的开裂：修复材料的低收缩率、高蠕变、低弹性模量和高抗拉强度。但是，当代水泥基修复材料往往是高强度的，并含有大量的高早期强度的胶结材料。很明显，这种材料的抗裂性或延展性较低，这一方面增加了干燥收缩和弹性模量，另一方面减少了蠕变。很明显，使用高强度的，特别是高早期强度的修复材料，通常不是防腐和修复混凝土耐久性问题的优选解决方案。

图 4.4　杭州保俶塔塔刹混凝土基座(20 世纪 30 年代)修补前后的对比图

4.2　表面处理

表面处理(surface treatment)是通过在表面涂敷或渗透有机/无机材料的一种预防性保护的方式,以减缓环境有害因素对钢筋混凝土本体的侵蚀速率,提高混凝土的耐久性。目前有许多文献对混凝土常用涂层的耐久性能做了对比和评价[82～84]。Pan 等整理了不同表面处理材料的保护机理和性能[85,86]。从功能和机理可将表面处理分为:表面涂层(saurface coating)、疏水剂(hydrophobic agent)、孔隙封堵材料(porefiller/blocker)。其中,表面涂层的保护机理主要是通过在表面形成致密的高分子膜,作为物理屏障抵挡外来有害环境因子的入侵;特点是通常附着于表层,涂层的厚度通常较厚[87]。传统的高分子膜主要有环氧树脂、聚氨酯、聚丙烯酸类、聚氯乙烯等。这些材料各有优势,比如环氧树脂类涂层的干缩较小,拥有良好的黏结能力和化学稳定性;聚丙烯酸类涂层具有抗氧化和抗碱腐蚀能力;而聚氨酯类具有较好的抗收缩性和抗酸性能。也有文献报道指出,混凝土表面的聚合物涂层会出现起泡、开裂、孔洞和剥落等现象,失去保护效果,这些膜失效主要是由于渗透压、侵蚀性物质渗透而造成部分附着力损失,以及温度变化引起的收缩开裂造成的[88,89]。近年,聚合物/层状纳米复合涂层除了起到物理屏障的效果,还通常具有较高的渗透性、较高的强度、拉伸模量和热稳定性等优势,有效克服了许多传统高分子表面涂层中存在的问题,因此受到了广泛的关注[90~92]。也有许多研究报道纳米涂层对混凝土以及石材、砖等多孔材料起到了保护效果[93~96]。图 4.5 为混凝土表面处理的示意图。

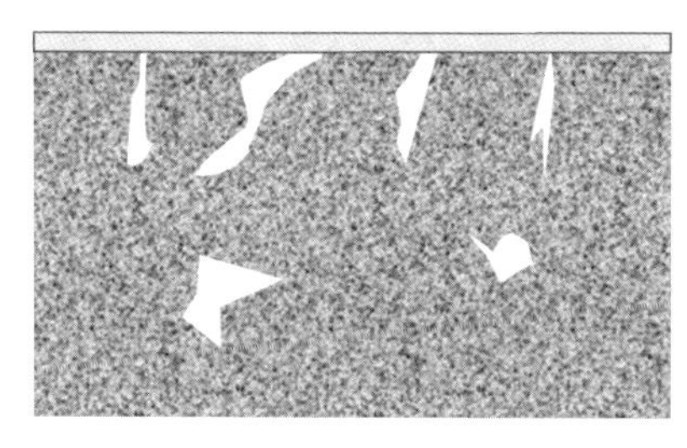

表面涂层

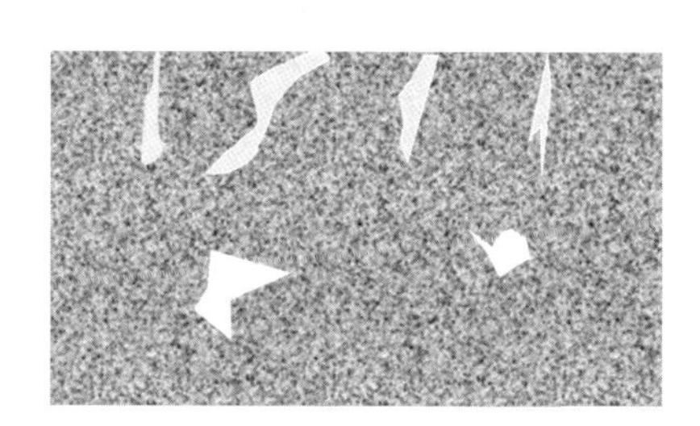

孔隙封堵

图 4.5 混凝土表面处理方法

而浸渍疏水材料的主要特点是在疏水的同时仍保持透气性,使得水蒸气可以渗透[97]。疏水材料中最常用的就是硅烷/硅氧烷类材料,它们的分子量通常较小,所以具有较好的渗透效果(图 4.6)。硅烷和硅氧烷水解后 Si—OH 可以与羟基化的基底(水化产物)相结合,极性较小的基团向外排列,降低孔隙壁的表面自由能,使得水泥孔隙表面带有憎水性[98,99]。混凝土孔隙液的碱性会促进这一反应的发生。许多研究提出,硅烷处理不止能提高憎水性,也可以增强基材表面强度的同时,也因为硅烷具有较好的透气性的缘故,处理后对抗碳化能力有限。此外,氟碳化物具有极强的憎水性和良好的渗透性,也可以作为憎水剂使用,但其抗氯离子的性能不佳[83]。

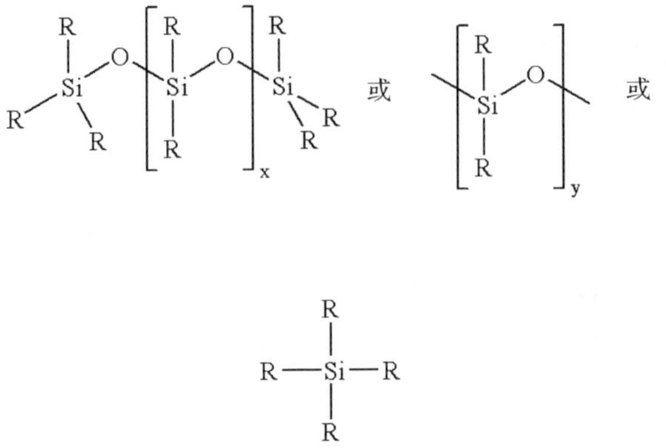

图 4.6　有机硅烷的分子结构

此外，一些碱金属的硅酸盐，可以减小混凝土的孔隙（主要为毛细孔），进而减小水分、氯离子和二氧化碳在混凝土中的渗透能力，提高混凝土的耐久性。其主要保护机理是硅酸盐类可以与混凝土中的氢氧化钙反应形成凝胶，堵塞孔隙。但有文献报道指出，由于硅酸钠、硅酸钾渗透后会与氢氧化钙反应生成强碱性的氢氧化钠（NaOH）、氢氧化钾（KOH），可能会加速混凝土的碱骨料反应[100]。此外，正硅酸乙酯则可以在混凝土中水解、交联后形成硅溶胶，也会与氢氧化钙反应生成硅酸钙水合物，从而起到优化孔隙结构的效果[101～103]。

此外，修补裸露的钢筋部分表面所涂敷的高分子涂料与混凝土表面的有机涂层材料的种类较为相似，主要为聚氨酯、聚丙烯酸类、环氧树脂类、硅烷类、聚合物水泥基材料等[104]。

表面处理方法可以作为预防性保护的一种，但在修复表面处理方法由于无法去除混凝土中本身存在的问题，通常需要局部修复以及电化学保护方法一起使用，来提高混凝土的耐久性。也有文献提到，疏水浸渍等不适用于含水环境和垂直构件[105]。

在本书第三章中谈到，混凝土的碳化是引起结构劣化的重要因素。因此，如何防止混凝土的碳化，一直以来是人们关注的问题，采用某种材料对混凝土进行表面处理，达到抗碳化的效果，也一直受到很多关注。

一些表面处理材料可能兼有防水、抗碳化，甚至抗氯离子的性能，这对于混凝土的保护是非常有价值的。一些高分子树脂，例如环氧树脂、氯化橡胶、聚氨酯等，都具有这样的性能[30]。这些有机涂层经过一段时间会降解而出现开裂等，会降低有机涂层对混凝土抗碳化作用的保护效果。有学者建立了有机涂层样品碳化深度随老化时间变化的回归模型，表明这些涂层的性能顺序是聚氨酯＞环氧树脂＞氯化橡胶。这说明聚氨酯涂料在混凝土保护、耐久性和延长使用寿命方面是最好的。另外，在氯离子渗透性方面，环氧树脂和氯化橡胶涂层的氯离子渗透性可以忽略不计，而丙烯酸聚合物乳液涂层的氯离子渗透性也很低，说明环氧树脂与聚氨酯涂层的性能优于丙烯酸聚合物和氯化橡胶涂层的性能。但是，还是应在进行耐久性实验后选择合适的保护涂层。

另外，在选择强疏水材料的时候应谨慎，特别是当混凝土的长期性能会受到许多因素的影响时。疏水的高分子聚合物会在混凝土的表面处形成疏水层，更容易被疏水/亲水界面周围的可溶盐的结晶所破坏[106]。此外，低分子量的疏水材料具有更好的穿透性，不仅提高了表面区域的耐久性，而且保持了基材的透气性。然而，良好的水迁移可能导致表面泛盐出现，需要及时进行脱盐处理。因此，在应用疏水防护材料时，应充分考虑这些材料与混凝土基材的相容性和环境因素。

4.3　阻锈剂

阻锈剂被定义为添加较少的量即可降低金属腐蚀速率的化合物。阻锈剂的分类方法有很多，可以按照无机化合物和有机化合物分类，也可以按照作用机制来予以区分：比如通过影响阳极/阴极反应，或同时影响阴阳极反应速率来降低腐蚀速率；也有阻锈剂通过形成保护性沉淀物或从环境中去除具有腐蚀性的成分来保护金属基底。阻锈剂的种类和作用机理通常很复杂，一般按照机理主要可以分为以下几类[50]。

阳极阻锈剂：在金属阳极表面吸附形成不可溶的防护膜。主要包括铬酸盐、亚硝酸盐、钼酸盐、磷酸盐、硅酸盐、碳酸盐等，这些无机阻锈剂可以在金属表面形成沉积物而构成缓蚀层，促进金属表面的活泼锈向无害锈转变，比如可以使得铁表面的锈蚀层与表面铁的氧化物形成以 $\gamma-Fe_2O_3$ 为主的无害锈层（式 4.1）。但如果阻锈剂的含量不足，仍会引起金属的孔蚀。在钢筋混凝土的保护处理中，早期多使用亚硝酸钙、铬酸盐等无机化合物作为阻锈剂，但由于这些化合物对环境的影响和对人体有危害，并且阻锈效果欠佳，逐渐被有机阻锈剂所取代。

$$2Fe^{2+} + 2OH^{-} + 2NO_2^{-} \longrightarrow 2NO\uparrow + Fe_2O_3 + H_2O \qquad (4.1)$$

阴极阻锈剂：在金属的阴极表面形成不溶的吸附膜。阴极阻锈剂的代表有：锌、锑、镁、锰和镍等金属的盐，以及一些表面活性剂，如高级脂肪酸盐、磷酸酯类等。

有机阻锈剂（从机理上称为复合型阻锈剂）：有机阻锈剂通过吸附在整个金属表面，降低或者阻断阳极和阴极反应的速率。这类阻锈剂包括胺类、酯类和磺酸盐类等。阻锈剂分子主链上多含有电负性大的 O、N、S、P 等原子为中心的极性功能基团。极性功能基团很大程度上决定了阻锈剂与金属之间的作用力。这个作用力的大小主要取决于阻锈剂和金属表面之间的作用方式为物理吸附（静电作用力和范德华力）还是化学吸附（配位、共价键）[107]。其中，化学键较物理吸附更为牢固，阻锈剂与金属表面的配位键的强弱取决于极性基团提供电子的能力和数量。因此，含 N 的杂环化合物，如唑、嘧啶等，因具有多个可形成吸附中心的原子，都表现出较好的阻锈效果。而非极性基团则决定着保护膜的憎水性和厚度，进而影响阻锈层的防腐蚀性能[108~111]。

除了传统的阻锈剂之外，在金属防护领域，金属表面硅烷化预处理被认为是一种无害且有效的保护方法，以改进和代替对环境有害的铬酸盐钝化传统处理[112~114]。防腐蚀硅烷膜的作用机理是：硅烷试剂直接吸附于无机金属/非金属表面，自身发生水解，逐步缩合反应而形成“$-(Si-O-Si)_n-$”网络，进而形成物理屏障；现在也有研究在硅烷中加入纳米颗粒从而制成更加稳定的有机一无机复合膜[115,116]。目前也有研究尝试将表面硅烷化技术应用在铁质文物保护和露天钢铁质构件的保护上[117]。但只有很少的研究探讨硅烷材料在钢筋混凝土中的阻锈效果，而相似的研究条件中，一些研究也证明硅烷在含3.5%氯化钠的碱性环境中可以起到良好的阻锈效果[118,119]。

钢筋混凝土的阻锈剂按照使用方式可以分为掺和型阻锈剂(darexing corrosion inhibitor，DCI)和迁移型阻锈剂(migrating corrosion inhibitor，MCI)。掺和型阻锈剂可用于新造建筑和修补用的水泥砂浆中，而既有钢筋混凝土结构中采用的多为迁移型阻锈剂。使用迁移型阻锈剂时，采用在混凝土表面以涂覆或喷洒的方式，让阻锈剂依靠毛细作用和浓差扩散的方式向混凝土内部自动迁移。亚硝酸盐、单氟磷酸钠等无机阻锈剂也曾作为迁移型阻锈剂使用。而由于环境和保护效率的原因，现在迁移型阻锈剂主要采用有机阻锈剂：以胺、醇胺、酯、脂肪酸为主的混合型水溶液或乳液体系。有研究指出，迁移型阻锈剂在混凝土保护层中的迁移效率有限。阻锈剂可能会停留在混凝土的表面，而且需要很长时间才可迁移至混凝土内部，这一时期内胺类阻锈剂可能会挥发，也较难确定是否足够达到了阻锈效果[120]。Liu等的研究指出，酯类和含羧基阻锈剂会形成脂肪酸族不溶性钙盐，进而会影响阻锈剂的迁移[121]。从效果来看，Bolzoni等研究指出，迁移型阻锈剂对氯盐侵蚀和碳化的混凝土的长期保护效果均不理想[122]。而近年来，许多研究将在电场下能够迁移的阳离子型阻锈剂作为电解液，与电化学保护技术相结合，以提高阻锈剂的渗透深度，得到更好的保护效果。目前，相关文献报道中出现的电迁移型阻锈剂见表4.1，有关电迁移保护技术和电迁移型阻锈剂的详细介绍见本书第五章和第六章。

不同的钢筋阻锈剂有不同的作用机制。现代仪器技术和表面分析方法有助于理解这些阻锈剂所涉及的阻锈机制。特别是，在阻锈剂存在和不存在的情况下，记录阳极和阴极极化曲线、电化学阻抗谱等电化学特性，可能有助于确定阻锈剂作用的主要机理。目前的研究结果认为阻锈剂的作用机理主要有以下几类[122,123]。

金属/溶液界面双电层改变

这种变化发生在由静电吸附而形成的离子型阻锈层上，吸附电位的突变引起双电层的变化。有机分子由于静电相互作用而吸附在金属/溶液界面上。吸附有两种类型：物理吸附（如库伦吸附）和化学吸附。在库伦吸附中，离子或分子之间与金属没有直接接触。在电极表面形成的一层溶剂分子将金属电极与阻锈剂分子分开。在其他特殊吸附的情况下，当具有极性官能团的有机化合物被吸附在金属表面时，化学吸附占优势。

形成物理屏蔽层

具有大量支链基团的阻锈剂在金属表面上形成多分子层。由此产生的屏蔽作用与阻锈剂分子和金属表面之间的吸附无关。当传质过程受阻时，就会发生腐蚀抑制。从极化曲线的性质出发，可以很好理解阴极上的浓度极化和电阻极化。阻锈剂的有效性随着其在相对较低的电流值下诱导阳极极化的能力而增加。如果腐蚀电流与金属的阳极反应成正比，则腐蚀的减少应与被极化的金属的阳极面积成正比。

降低金属反应活性

阻锈剂吸附在由部分电化学反应激活的金属位点上。这些能引起腐蚀的活性位点被封堵，阳极和阴极反应的速率都被降低或控制。因此，腐蚀的速率是由活性部位的封堵所控制的。此外，还可以看到，极化曲线向较低的电流密度移动，而不改变塔菲尔斜率的性质。由于阻锈剂的吸附，这一机制并不能保证金属表面的完全覆盖。一般来说，相互作用力是重要的，当建立更强的相互作用，如化学键时，会产生更高的阻锈效率。

阻锈剂参与部分电化学反应

金属的阳极反应和析氢的阴极反应都是通过在金属表面形成被吸附的中间体的步骤进行的。根据这一机制，被吸附的阻锈剂分子会参与中间体的形成，根据被吸附的表面复合物的稳定性，要么促进电极反应的发生，要么降低电极反应的速率。

新开发的混凝土钢筋阻锈剂必须在实验室进行充分测试，才能在实践中安全应用。实验室测试可包括在溶液、砂浆和混凝土中的筛选实验。最好是采用加速实验，以便能够快速评价阻锈剂的性能，并减少必要的剂量。然而，将这些实验室结果推断为长期和保护现场的阻锈剂性能仍然是有挑战的。

目前，已经有几种可用于研究混凝土钢筋阻锈剂性能的筛选实验方法与标准，如美国的 ASTMG109－02 等。这种测试的一个缺点是它的持续时间较长。通常，电化学技术被应用于各种不同的实验测试设置中来检验阻锈剂的性能。最简单的测试，如半电池电位测量，能可靠地用于通过被测试钢筋的腐蚀电位的下降来确定腐蚀开始的时间。另外，腐蚀速率测量（使用极化电阻技术）在实验室是可能的，原则上也适用于大型试样或现场。

表 4.1 目前文献中应用的电迁移型阻锈剂

作者	材料	评价内容
Sawada 等[124,125]	乙醇胺、胍	阻锈剂的迁移效率
Shan[126,127]，徐金霞等[128]	硅酸钠（钢筋作为阳极）	除氯量，孔隙率，微观结构，组成
Sánchez 和 Alonso[129]	亚硝酸钙（钢筋作为阳极）	阻锈剂的迁移量，除氯效率，通电电流
王卫仑等[130]	二甲基乙醇胺	阻锈剂的迁移量，除氯效率，电化学性质
刘宗玉等[131]	二甲基乙醇胺、二乙醇胺	除氯效率，电化学性质
唐军务等[132] 朱雅仙[133]	某醇胺类迁移型阻锈剂	电化学性质，阻锈剂的迁移效率
黄俊友等[134]	苯环醇胺类	腐蚀速率
费飞龙[135~137]	咪唑啉季铵盐	阻锈剂的迁移量，除氯效率，电化学性质，孔隙率，组成变化

续表

作者	材料	评价内容
艾志勇[138]	咪唑啉季铵盐	阻锈剂的迁移量,除氯效率,电化学性质,孔隙率,组成变化
章思颖[139,140],许晨等[140]	乙醇胺、己二胺、胍、三乙烯四胺、二甲胺	阻锈剂的迁移量,除氯效率,电化学性质,强度
张俊喜等[141]	乙醇胺、二甲基乙醇胺	电化学性质
Xu[142],郭柱等[143]	三乙烯四胺	阻锈剂的迁移量,除氯效率,总碱度,电化学性质,表面强度
Karthick 等[144]	碳酸胍+氨基硫脲+三乙醇胺+乙酸乙酯	阻锈剂迁移量,微观结构,混凝土组成,电化学性质
麻福斌[145]	醇胺类	阻锈剂的迁移量,除氯效率,电化学性质,孔隙率,吸水率,透气性能
Bella 等[146,147]	联萘酚	腐蚀产物,电化学性质,热力学分析
Pan 等[148]	8 种阻锈材料:7 种为铵盐	阻锈剂的迁移效量,除氯效率
Nguyen 等[149],Gong 等[150]	四丁基溴化铵	电化学性质
Pan 等[151]	咪唑啉季铵盐	阻锈剂的迁移量,除氯效率,电化学性质,孔隙率,微观结构

4.4 钢筋混凝土保护方法的总结与思考

根据前文所述,表 4.2 总结了减缓钢筋锈蚀速率方法的优势和局限。目前,许多历史建筑的修复案例多采用局部修补法,这也是由于采取修复措施时,混凝土表面的裂隙和脱落已经非常明显。对于既有建筑来说，当表面出现明显的裂隙和保护层剥落时，局部修补是必不可少的。但局部修补的缺点明显：修复成本较高，不但对建筑材料材质和外观有所影响，也可能与原材料不兼容导致修复失效。因此，在充分评估的情况下，对于情况仍然较好且没有出现钢筋裸露保护层脱落的构件，能在监测中发现钢筋可能脱钝、初锈发生后，提早采取干预措施，进行表面处理和电化学处理，则可以避免保护层的开裂和脱落，保存混凝土原本的外观和材质。

目前，优秀历史建筑和文物建筑已服役数十年，即使未出现明显的结构性能下降，混凝土保护层内已经有氧化、氯离子和部分碳化区域存在，仅靠表面处理和喷洒阻锈剂的方法并不能够减缓腐蚀。只有局部修补法和电化学保护技术才能够去除混凝土中已有的有害因子，恢复钢筋表面的钝化膜。其中，电化学保护处理后对表面几乎没有影响，非常适用于文物建筑和优秀历史建筑保护[54]。

电化学处理后的长期效果评价的研究相对较少，Elsener 从其他现场应用的结果来看电化学除氯处理是有效的，如果能避免氯化物进一步地侵入建筑，将能保持处理效果很久[152]；此外，光从电化学性质来看，有研究证明在施加电量充足的情况下，保护处理后几年内钢筋仍然可以处于较高的半电位，钢筋附近仍然保持较高的碱性。有研究指出，根据理论计算，在海洋氯盐侵蚀环境下，电迁移处理可以将耐久性失效时间延长 10 年[153]。但由于水泥的种类和建筑所处环境的不同，很难预估多少时间后电化学保护的效果会失效。因此，在涉及电化学处理后，必须考虑实施表面处理，尽可能提高混凝土的耐久性。

新型的电迁移保护技术具有防治一体的优势，有应用潜力。但目前主要为实验室研究，缺乏对实际工程实施后的长期评估结果，更加没有在文物保护上的使用案例。为了确保电化学保护能够为混凝土提供较高的耐久性，可以从阻锈剂的官能团着手，选择既能够吸附于钢筋表面又能够提高混凝土耐久性的材料，将表面处理和电化学保护以及阻锈剂的效果三者相互结合。但从表 4.1 有关电迁移技术研究的评价项目来看，目前大多数的研究考虑材料和通电参数对减缓钢筋速度的效果。虽然有研究指出有些阻锈剂与钙盐反应，实行电化学保护后孔隙结构得以优化，但仍然缺乏对混凝土耐久性相关性质的综合评价。

表 4.2　减缓钢筋混凝土方法的优势和局限

原则	阴极电流	去除有害要素，恢复钢筋钝化层				防止水、二氧化碳、氧气、Cl^-与钢筋混凝土本体接触	
措施	阴极保护	局部修补	电化学再碱化	电化学除氯	电迁移	阻锈剂	表面处理
移除的混凝土	无须凿除混凝土	评估	仅需接口部分			无须凿除混凝土	无须凿除混凝土
清理钢筋	表面锈蚀	表面锈蚀	表面锈蚀			不需要	不需要
修补砂浆	不需要	露筋、开裂部分	仅凿开部分			不需要	不需要
优势	电量少	最为常用，可选材料多	对表面的影响较小，处理时间较短			易操作，成本较低	可选材料较多，成本较低
劣势	成本较高，长期监测和维护	成本较高，产生新旧电位差，修补材料不兼容，对外观的影响较大	需要与其他技术配合，提高混凝土耐久性。处理区域局限，黏结性能和碱骨料反应，严重锈蚀后无法处理			处理区域局限，初锈开始后效果不明显。渗透深度有限，不易评估效果	处理区域局限，初锈开始后效果不明显。不适宜含水环境，需要定期重新涂敷

第五章

钢筋混凝土建筑遗产的电化学保护

前面几章提到，钢筋混凝土建筑的劣化情况有很多种，其中钢筋的腐蚀是一种非常重要的劣化现象，对建筑的结构安全有极大的影响。钢筋的腐蚀过程是一个典型的电化学行为，从化学反应的角度来看，采取一定的方式阻止这样的电化学过程是可能的；而且，混凝土中离子的存在和迁移，也是影响钢筋稳定性的重要因素，例如带有碱性的氢氧根离子和造成腐蚀的氯离子，这些带电粒子在电场下可以发生特定方向的迁移，这为电化学技术的应用带来了可能。

另外，第四章所列举的一些钢筋混凝土的传统保护方法，都存在一些局限性。例如，把已经碳化或者含有较多氯离子的混凝土保护层完全去除，对钢筋进行表面涂层处理，覆盖新鲜的高性能混凝土砂浆，甚至重新浇筑整个钢筋混凝土结构，这些都必须付出高昂的代价，特别是具有较高价值的文物建筑，这些做法可能会损坏其完整性和原真性。而且，这些做法也没有把腐蚀因素完全去除，如果还有氯离子存在，又会导致钢筋迅速发生腐蚀。电化学方法则可以在很多方面弥补这些传统保护方法的缺陷。

电化学保护技术主要应用于碳化和由氯离子造成的钢筋混凝土结构的劣化处理。它的基本原理是：在混凝土表面外加临时性阳极，以混凝土内部的钢筋作为阴极，在两极之间通以短时间较大的阴极电流密度，从而发生一系列相应的电化学反应和离子迁移，如图 5.1 所示。

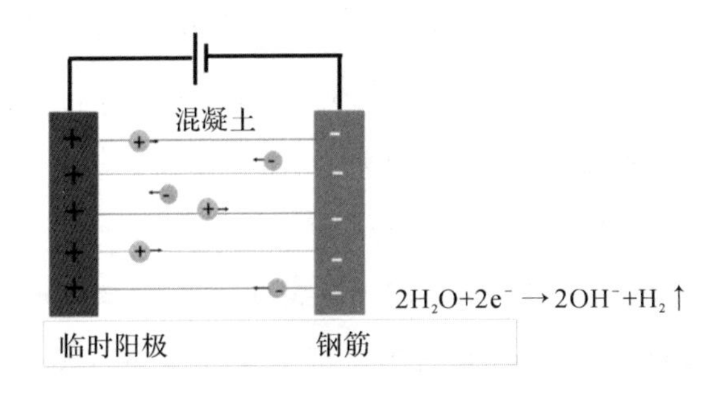

图 5.1　钢筋混凝土电化学保护原理

在这样一个电化学保护装置中，作为钢筋的阴极与临时阳极之间有电流通过，一方面使得钢筋发生极化，将腐蚀电位降低，从而抑制钢筋腐蚀的发生；另一方面，混凝土中有害离子，如氯离子向阳极迁移，达到除氯的效果。同时，在通电的时候，水会在阴极表面发生电化学反应，产生氢氧根离子，恢复钢筋周围的碱性，使其再钝化。

目前常见的电化学保护方法有以下几种，相关的技术标准如表 5.1 所示。

牺牲阳极法(sacrifice anode technique, SAT)：将更加活泼的金属，如锌等与钢筋相连形成一个小循环，提供阴极电流来保护构件。因为牺牲阳极会不断氧化溶解，设计时必须对这些阳极进行监测。

外加电流法阴极保护(cathodic protection, CP)：该方法是给钢筋混凝土结构安装一个永久的外加阳极，然后对阴极(钢筋)持续施加密度较低的负电流(给金属提供足够多的电子，从而阻止氧化反应)，降低腐蚀速率，最终实现对钢筋混凝土的保护。

电化学除氯(electrochemical chloride extraction, ECE)：电化学除氯的基本原理是以混凝土中的钢筋作为阴极，在混凝土表面敷置或埋入电解液保持层，在电解液保持层中设置钢筋网或者金属片作为阳极，在金属网和混凝土中的钢筋之间通以直流电流，在外加电场作用下，混凝土中的阴离子(Cl^-、OH^- 等)由阴极向阳极迁移，带正电荷离子(Na^+、K^+、Ca^{2+} 等) 由阳极向阴极迁移，对钢筋具有明显腐蚀作用的氯离子由阴极向阳极迁移,加速排除氯离子的同时提高混凝土保护层中的碱度。

电化学再碱化(electrochemical realkalisation,ERA):电化学再碱化是通过给钢筋短期施加密度较大的阴极电流来提高被碳化混凝土保护层的碱性,其 pH 值恢复到 11.5 以上,从而降低钢筋腐蚀活性,钢筋表面恢复钝化,以减缓或阻止钢筋的继续腐蚀。

电迁移(electro-migration):2005 年日本学者 Sawada 提出,进行电化学脱盐时在电解质溶液中加入渗入型阻锈剂,可使得阻锈剂在电场的作用下加速迁移通过混凝土,并吸附于钢筋表面,增加阻锈剂在钢筋表面的吸附量[125]。该技术结合了电化学保护的原理,即可以去除混凝土内有害的氯离子,强化钢筋对氯离子的抵御能力,提高混凝土的碱度,同时又加速将阻锈剂迁至钢筋的表面,达到多重保护的作用。

表 5.1 电化学保护相关技术标准

标准编号	名称	相关内容
NACE RP0290—90	Cathodic protection of reinforcing steel in atmospherically exposed concrete structures	阴极保护
NACE SP0107	Electrochemical realkalization and chloride extraction for reinforced concrete	电化学脱盐 电化学再碱化
BS EN ISO 12696	Cathodic protection of steel in concrete	阴极保护
BS EN ISO 14038—1	Electrochemical realkalization and chloride extraction treatments for reinforced concrete realkalization	电化学再碱化
JTS 153—2—2012	海港工程码头钢筋混凝土结构电化学防腐蚀技术规范	阴极保护 电化学脱盐 电化学沉积
JGJ/T 259—2012	混凝土结构耐久性修复与防护技术规程(附录)	阴极保护 电化学脱盐(再碱化)

续表

标准编号	名称	相关内容
T/CECS 565—2018	混凝土结构耐久性电化学技术规程	外加电流阴极保护技术 牺牲阳极阴极保护技术 电化学除氯技术 电化学再碱化技术 电化学沉积技术 双向电迁移技术

5.1　牺牲阳极

牺牲阳极法是一种阴极保护的方法。它和外加电流的阴极保护法一样，都是对阴极施加电流使其极化，从而延缓阴极的腐蚀。不同的是，外加电流的阴极保护法是依靠额外的辅助阳极和直流电源来提供电流，而牺牲阳极法则是利用活泼金属与阴极之间的电位差来产生电流。因此，牺牲阳极法不需要外加电源，设备简单，技术费用较低，维护运行的成本也很低。其关键在于选择合适的阳极材料，并且由于阳极材料会逐渐氧化消耗，因此需要及时监测和更换。图 5.2 为添加牺牲阳极的原理示意图。

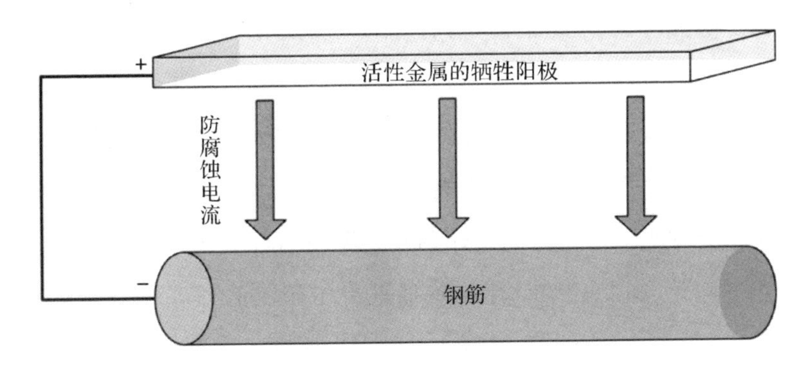

图 5.2　添加牺牲阳极的原理

理想的牺牲阳极材料应该具备一些条件，例如阳极与腐蚀结构之间的电势必须克服腐蚀结构上阳极—阴极电池的形成。在产生电流时，阳极不应在很大程度上自身被极化。另外，阳极必须具有较高的效率，即金属溶解所产生的电流必须能够用于阴极保护。常见的牺牲阳极材料主要有铝、锌、镁的各种合金。其中，镁与钢的腐蚀电位差为1V，这限制了其作为阳极可以保护的钢筋尺寸。由于经济上的考虑，人们常常使用铝及其合金作为阳极。然而，铝很容易钝化，从而减少电流输出。为了避免钝化，可以添加锡、铟、汞或镓等制成不同的合金。

牺牲阳极法因为成本低，使用简单方便，已经在许多的钢筋混凝土结构上得到了应用，例如全国重点文物保护单位南京长江大桥的维修工程，就使用了牺牲阳极的方法[154]。近年来，一些学者还探索使用Al－Zn－In系牺牲阳极保护古沉船的金属保护框，使得沉船易于在海洋原址环境被保护和利用。中国、美国、欧洲等地区也已经颁布了牺牲阳极保护法的相关技术标准，包括阳极材料、电化学性能测试、实施方法等。例如在地下埋藏管道的阴极保护中，阳极会被包装在由75％石膏、20％膨润土和5％硫酸钠组成的回填土中，回填土可以从土壤中吸收阳极腐蚀产物和水，以保持阳极的活性，然后根据保护管道的电流要求，将牺牲阳极按照一定的间隔连接到管道上。

以牺牲阳极为代表的阴极保护法也存在一些潜在的负面作用。当存在保护电流时，从理论上讲，钢筋周围碱性会增加，这会对混凝土造成损伤，特别是当混凝土中含有活性碱骨料时。因此，如果被保护的钢筋混凝土结构是含有对碱比较敏感的骨料，需要考虑发生碱骨料反应的风险。另一个负面影响是，在非常高的电流密度下，钢筋和混凝土之间的黏结可能会减小。最重要的副作用是在预应力混凝土中"析氢"现象会导致钢的脆化，即"氢脆"。用于钢筋混凝土施工的低碳钢一般不易受"氢脆"的影响；只有用于预应力施工的高强度钢才被认为易受"氢脆"的影响。受这种影响的程度取决于材料本身的许多金相和电化学变量，因此会随成分、热和机械处理、腐蚀造成的缺口或缺陷、负载值及其产生低应变率的变化以及环境条件等因素而变化。

5.2 阴极保护

第一个应用于混凝土结构的阴极保护的例子是在1957年，1973年在北美开始广泛使用阴极保护技术，用来处理被除冰盐所污染的桥面。阴极保护，如图5.3所示，是将钢筋的电化学负电位数值变得更大的技术。这种潜在的变化可以通过将外部阳极连接到钢筋，并通过直流电源施加直流电来获得。该外部阳极通常安装在混凝土表面，直流电源的正极与其连接，负极与钢筋连接。与牺牲性阳极的保护不同的是，这种方法需要强制外加电流，因此，电流作用在钢筋上，可能会带来一些问题。

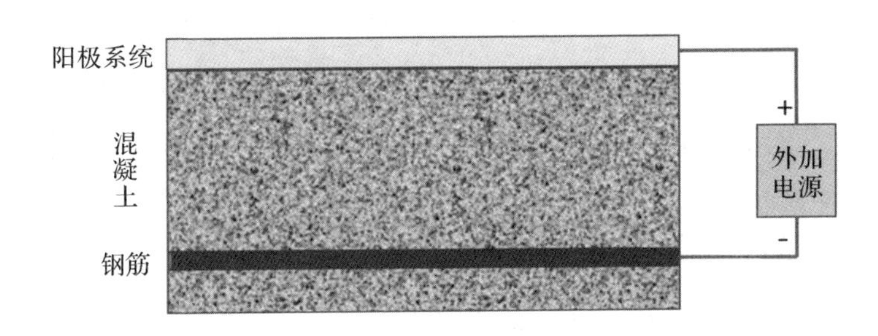

图5.3 阴极保护法

实施钢筋混凝土的阴极保护，通常都需要钢筋是电连续的，即所需要保护的钢筋都能够成为保护系统里面的阴极。钢筋若发生严重锈蚀，锈蚀产物会影响钢筋的电连续性，则会减弱阴极保护的效果。所以在实施阴极保护之前，应该仔细查阅结构图纸，或者采用合适的方法检查钢筋的分布与连接，通过电阻测量或电位差来验证钢筋的电连续性。

另外，混凝土保护层如果出现破损、脱落等情况，则需要把破损的混凝土凿除。由于通电处理需要良好的导电条件，混凝土中的孔隙液可以起到这样的效果。因此，对于一些破损部位，通常要进行局部修补，以保证保护电流能够到达钢筋。

阴极保护中的阳极系统由阳极材料及其覆盖层组成。这个系统必须能够提供所需的电流，并将其分配到需要保护的钢筋上。在阳极表面，涉及氧或氯的反应可以发生。这两种反应都降低了 pH 值并引起酸性环境，从而导致混凝土与钢筋接触面的 pH 值降低。因此，阳极电流的密度必须受到限制。阳极可以是固定并覆盖在水泥保护层的导电网；直接完全覆盖混凝土表面的导电活性层；或放置在混凝土沟槽的镶嵌式阳极，然后填充水泥，或导电材料，或导电瓷砖。用混合金属氧化物（铱、钌、钴等）活化的钛基金属网，是应用最广泛和最成功的阳极类型。含有碳导体和一系列导体（能够抵抗阳极反应）的导电有机涂层是另一种常见的阳极类型。各种其他阳极类型（如含有颗粒状碳和碳纤维的金属涂层、导电陶瓷、热喷锌涂层等）也适用于混凝土的阴极保护，但长期应用很少。

在阴极保护实施后，必须安装永久性监测系统，以确定阴极保护系统的性能。监测系统基本上是基于钢筋相对于参考电极的电位测量来设置的。参考电极应被埋在混凝土中，并位于最关键的区域，或在控制电位最重要的区域。最常见的嵌入式参考电极是 Ag/AgCl、Mn/MnO 电极。对于混凝土中的钢筋，保护效应取决于氯离子含量、pH 值、水泥类型等，用于实际条件的监测标准通常是基于经验的。使用最广泛的被称为 100mV/d 标准："当测量的电位在 4～24 小时内至少衰减 100mV 时，就达到保护或防护状态"。

施加电流的阴极保护也有一些副作用。理论上，如果混凝土含有碱反应骨料，钢筋周围碱度的增加会造成损害。因此，如果要保护的结构包含可能对碱敏感的骨料，则必须考虑碱骨料反应的风险。另一个负面影响是，在非常大的负电位数值下（即在高电流密度下），钢筋和混凝土之间可能会失去黏附力。最重要的副作用是预应力混凝土中析氢反应引起的钢筋脆化，这在预应力混凝土中至关重要。在混凝土的碱性环境中，与饱和甘汞电极（SCE）相比，只有大于－950mV 的电位才能发生析氢现象，而大于－900mV 的电位（相对于 SCE）则不会产生氢脆效应。因此，为了避免敏感钢筋的氢脆风险，钢筋电位应不超过－900mV（相对于 SCE)。用于钢筋混凝土施工的低碳钢一般不易受氢脆化的影响;只有用于预应力施工的高强度钢才被认为易受氢脆化的影响。

5.3　电化学除氯

为了延长受氯离子腐蚀的钢筋混凝土结构的使用寿命,通过对钢筋施加直流电来移除混凝土结构中存在的氯离子,这种方法称为电化学除氯。在该方法中,钢筋作为阴极,同时外部阳极附着在混凝土的表面,与电解质(氢氧化钙的饱和溶液)接触。通电时产生的电场可以让带电荷的离子迁移。在这种情况下,氯离子迁移到外部阳极,而带正电荷的阳离子靠近阴极,如图 5.4 所示。通常,所施加的电流密度在 $1\sim2A/m^2$ 之间波动,通电时间一般也很短,约为 4~10 周。一般不会采用很高的电流密度和过长的通电时间,因为较高的电流密度对钢筋混凝土的结构性能有不良影响,容易造成钢筋与保护层之间黏结强度的显著降低,出现氢脆现象、碱骨料反应等。由于在通电的过程中,水会在钢筋(阴极)发生电化学反应,生成氢氧根离子,从而使得钢筋再钝化。

电化学除氯与阴极保护比较相似,但也有重要区别。首先,电化学除氯所采用的电流密度通常高于阴极保护所用的电流密度。而且,电化学除氯的表面阳极是临时的,只在整个通电除氯过程中保持不变(通常是几周)。虽然阴极保护和电化学除氯都已被证明可以延长钢筋混凝土

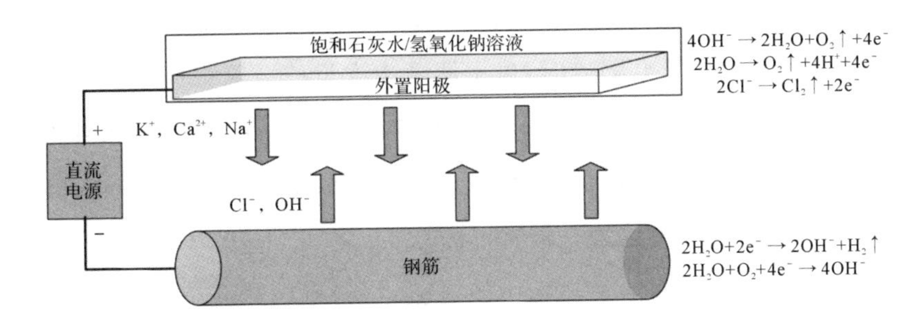

图 5.4　电化学除氯原理

结构的使用寿命,但电化学除氯的优点是处理之后一般都不需要长期定期维护。

利用这种技术去除有害的氯离子的技术出现在20世纪70年代。该方法于1986年在欧洲获得了专利,采用的是一种保水的纸浆,并用氢氧化钙溶液润湿该纸浆。关于这种技术的研究有许多报道,也在不少的建筑物上得到了实施,特别是一些具有特殊价值的钢筋混凝土建筑,例如纪念馆、建筑遗产等,被认为非常适合采用电化学除氯进行处理,因为一般来讲,处理后的混凝土表面外观不会发生很明显的变化[155~157]。国外的一些相关技术规范指出,电化学除氯在处理结束半年之后,残留在混凝土内部的氯离子含量应该不超过水泥质量的0.4%~0.8%。

然而,研究表明在混凝土内部,只有那些可以溶解在孔隙液中的自由氯离子才能通过电场的作用进行迁移并去除,这部分氯离子可能会在通电刚开始的一段时间就能被去除。还有一些与水泥成分紧密结合的氯离子,可能会在自由氯离子被去除之后,逐渐溶解在溶液中而成为新的自由氯离子,并与其他的结合氯离子达成动态平衡。但是结合氯离子的释放速率比较低,去除的效率也会比较低。所以,电化学除氯在刚开始通电的时候,由于溶液中自由氯离子浓度较高,除氯的效率也比较高,但随着时间的推移,自由氯离子逐渐减少,除氯的效率也会下降。特别是溶液中可能还存在其他的离子,例如碳酸根离子、氢氧根离子、硫酸根离子等,它们也会在电场下发生迁移,意味着总电流中会有一部分用于这些离子的迁移,这也会造成除氯效率的下降。使用碳酸钠、氢氧化钠等这类溶解度较高的电解质时,由于溶液中大量的氢氧根离子、碳酸根离子、钠离子的存在占用了大量的电流,电化学除氯的效率会比较低。氢氧化钙的溶解度较低,但足以形成通电所需的电解液,因此在电化学除氯中,氢氧化钙饱和溶液是最常用的选项。

有趣的是,如果在除氯过程中使电流中断,可以让孔隙液中的自由氯离子和混凝土中的结合氯离子重新建立平衡,溶液中的自由氯离子浓度会明显得到提高,通电除氯的效率就会得到提高。因此,在电化学除氯中，并不是电流密度越高，通电时间越长，效果越佳，而是可以通过改变通电机制来进行优化。

由于在除氯过程中，氯离子从钢筋处向外加的临时阳极处转移，因此处理结束后，在阳极附近，即混凝土表面处的氯离子含量会比较高。通电结束后，氯离子还会在混凝土内部从高含量处向低含量处扩散，重新达到浓度平衡。这意味着，如果通电结束以后，没有外界的氯离子进入的话，混凝土表面的氯离子浓度会逐渐下降。因此，在通电的时候，如果能保证最后混凝土表面的氯离子浓度含量不超过某个值，则在之后很长的一段时间内，混凝土内部的氯离子含量都不会超过这个值。同时，在通电的时候钢筋作为阴极会被再钝化。因此，电化学除氯之后，钢筋仍然可以在较长的时间内保持持久的保护效果。

需要注意的是，很多需要进行除氯处理的钢筋混凝土结构是有碳化问题的，发生碳化的混凝土结构在电化学除氯的时候，其效率比没有发生碳化的混凝土结构要低。这是因为碳化会使得混凝土内部产生碳酸盐的沉积，造成混凝土的渗透性能降低，电阻增大，从而影响了混凝土中的电流密度分布，降低了电化学除氯的效果。另外，对于原本水灰比高、较为疏松的水泥基，在除氯过程中水化物也更容易溶解；对于添加细矿渣的水泥基较添加粉煤灰的水泥，在除氯后孔隙率增长明显。电化学除氯能提高加入粉煤灰水泥的抗氯离子和抗碳化性能，对加入高炉矿渣的水泥的效果不明显。因此，水泥基材的不同，也会影响到电化学除氯的效果和处理后钢筋混凝土的耐久性。

电化学除氯还会影响到混凝土的孔隙结构，包括孔隙大小及其分布。一些研究表明，电化学除氯会使得混凝土孔径变小，特别是阴极附近，孔径小于 50nm 的小孔隙的数目会增加。这样的变化是否会影响钢筋混凝土的耐久性，还有待进一步的研究。另外，有些研究认为，随着通电的持续，钢筋附近 Na^+ 和 K^+ 浓度增加，总氯离子含量同时降低，碱金属离子的聚集会导致在钢筋和混凝土界面钙硅比增大，生成较多的含钠、铁、铝盐晶体和 Friedel 盐（$3CaO—Al_2O_3—CaCl_2—10H_2O$）的重结晶,同时呈笼状的水化产物硅酸钙凝胶(C—S—H)和钙矾石晶体(AFt)等组分分解[50]。

而且,通电期间施加的电流可以显著改变水泥砂浆在钢筋/砂浆界面的组成和形态,以及钢筋/混凝土之间的黏结强度。由于网状C—S—H和针状AFt溶解,电化学除氯处理后的混凝土试件钢筋附近区域的孔隙率和大孔含量增多,结构变得疏松。而阳极侧的表面变得更加密实,这是因为通电使得阴极附近产生的大量氢氧根离子向混凝土表面方向迁移,同时外界饱和溶液中的阳离子朝着钢筋方向迁移,阴、阳离子易于在混凝土中外层富集结合,在孔隙液中析出片状氢氧化钙晶体,堵塞毛细孔,使表层混凝土孔隙率降低,因此会出现电化学除氯后钢筋混凝土内层结构变得疏松,中外层的$Ca(OH)_2$晶体析出,使结构反而变得更加密实。

也有研究发现通电初期在钢筋附近会有大量$Ca(OH)_2$生成,随着通电时间进一步增加,最终$Ca(OH)_2$的生成量趋于稳定,达到平衡。而且选取不同的电解质溶液也会影响电化学除氯后混凝土的微观结构,例如采用蒸馏水通电后混凝土的孔隙率会上升,而使用饱和氢氧化钙、饱和氢氧化钙+硼酸锂($Li_2B_4O_7$)溶液时,混凝土的孔隙率会下降。因此,采用电化学除氯的方法时,可以考虑采用较低的通电电流密度,以及间歇性通电,以减少通电电荷总量,并且通常会使用含钙的电解质溶液,从而降低电化学除氯带来的副作用。

5.4 电化学再碱化

在电化学再碱化处理中,外部电源连接到钢筋(阴极)和嵌在外部电解质中的辅助阳极,如图5.5所示。辅助阳极通常由惰性钛网制成,碳酸钠溶液是最常见的电解质。该处理系统对混凝土的通电电流密度要求在0.8~2A/m^{2}之间,持续几天,直到重新恢复混凝土的碱性。在这个过程中,水在钢筋附近发生电解,产生氢氧根离子,并且在电场的作用下向辅助阳极迁移，从而使整个混凝土保护层的碱性得到提高。一般来说，由于是在钢筋周围生成碱性物质，在通电结束以后，钢筋周围的碱性恢复得最好，而由于在辅助阳极会生成氢离子，以及钠离子在电场作用下向阴极迁移，混凝土表层附近的碱性恢复得不明显。

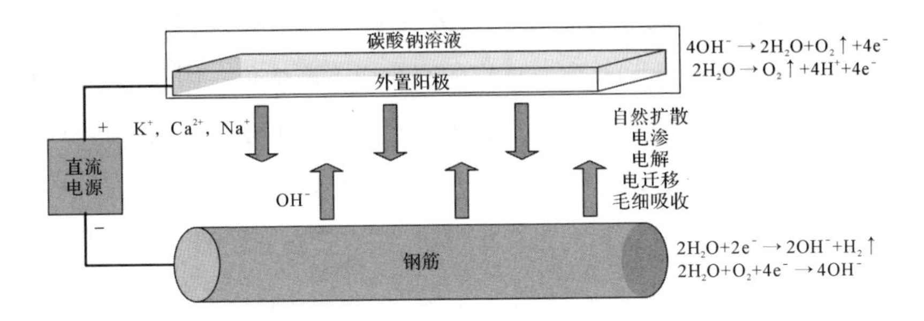

图 5.5　电化学再碱化的原理示意图

考虑到水在阴极的电解是电化学再碱化过程所涉及的主要现象，因此，通电过程中所通过的总电荷是强烈影响再碱化效果的变量。在钢筋附近产生的氢氧化物的数量是在处理过程中施加电流的结果，这意味着处理时间越长，产生的氢氧化物就越多，在钢筋周围区域达到的碱性恢复的水平也越高。

目前，学界对该方法的保护机理还存在疑问和争议[158]，有学者认为阴极反应产物 OH^- 一部分由钢筋向混凝土表面迁移，还有部分滞留在钢筋周围的混凝土里，使得钢筋周围碱性增加；也有学者认为是通过电化学作用产生 OH^-，外部的碱性溶液经电渗作用渗透到混凝土内部而到达钢筋附近，共同恢复碱性环境[159]。离子的扩散也是需要考虑的因素，但在电场作用下，自由扩散的影响不会太大。目前，也有学者在重要的钢筋混凝土结构历史建筑中使用了再碱化技术进行电化学修复，并表明再碱化处理可以有效地提高钢筋的腐蚀电位[160]。

无论是在电化学除氯，还是电化学再碱化过程中，由于离子在溶液中迁移，可能会出现电渗流。虽然电渗流被认为可以通过溶液的流动将碳酸盐输送到钢筋，并在再碱化过程中起着重要作用，但一些具体的研究和实践工作没有明显观察到这种传质现象。这还存在一些争论，例如有些研究在碳化的混凝土的再碱化过程中观察到了电渗流的存在，而在未碳化的混凝土中没有观察到电渗流。电渗流的贡献，可以体现在溶液中的碱性离子通过混凝土孔隙网络从外部阳极区域移动到阴极区域。这种贡献取决于所施加的电场，但主要受 zeta一电位的影响，zeta一电位由于水相种类的变化和孔壁双电层的变化而不断变化。因此，这些条件需要有利于电渗流发生在一个显著的水平。但总的来说，以电渗流为代表的电动力学现象，作为由比较隐蔽的表面/界面性质引起的物理过程，如何影响钢筋混凝土结构的电化学保护，还有待进一步研究。

通常将电化学再碱化和电化学除氯放在一起进行比较与讨论。两种方法在处理上所需的时间都比较短，而且对混凝土外表的影响较少。但目前的研究也发现，这两种电化学修复方法存在副作用。有研究发现对混凝土进行电化学除氯后，会在钢筋附近产生大量碱一硅凝胶体，导致局部膨胀和开裂[161]。还有研究表明，除盐后可一定程度上导致增加混凝土结构发生碱骨料反应的可能性，甚至由于阴极发生的电极反应而导致钢筋与混凝土间的黏结强度下降，并且下降幅度随电流密度的增加而增大[162]。对这一现象，Orellan 等认为是由于氢氧化钙晶体结构的转变造成黏结强度的下降[163]；韦江雄等通过实验证实，电化学除氯后，钢筋与混凝土的黏结强度下降，并且证明了阴极反应产生氢气是黏结强度下降的一个重要原因[164]。在电化学再碱化方面，Yeih 提出由于阴极电流的影响，混凝土的抗压、黏结强度、弹性模量相对于未进行通电处理的试块均有所下降[165]。与电化学除盐不同的是，有研究指出再碱化后，钢筋/混凝土之间的黏结强度得到明显提高，Franzoni 等也发现再碱化使得孔径向减小方向移动，吸水率下降，而且电流越大，孔隙体积下降越明显[166]。总的来说，再碱化法可以优化孔隙结构，减小有害大孔比例。再碱化处理中使用的电解液多为碳酸钠，不含 Ca^{2+}。因此，钢筋表面的 Ca^{2+} 来源于饱和石灰水中 Ca^{2+} 的迁移，而 Castellote 等的研究则表明再碱化过程中在高碱性环境下析出硅钙石沉淀，Ca^{2+}来自方解石和球霰石的溶解[159]。因此，电化学过程中析出的氢氧化钙晶体是否与原本水泥基中成分再次溶解及结晶有关，还需要进行探讨。

关于再碱化处理，重要的一点是要知道何时可以根据通过的总电荷或处理时间停止再碱化。在文献中已经报道了200～450Ah/m^{2}之间的值。这个电量可以通过与混凝土表面相关的1A/m^{2}的电流密度处理8～18天来实现。然而，由于这些值也取决于材料和结构特征，它们在长期内可能会有所不同。另外，也可以通过监测处理过程中混凝土的碱性变化来判断何时需要停止再碱化，这可以采用酚酞指示剂的方法。一般来说，再碱化结束以后，至少要在钢筋周围1cm的范围内用酚酞指示剂显示出红色，即比较高的pH值。

除了电化学再碱化，近年来一些研究还提出另一种方法，称为化学再碱化[167]。化学再碱化是基于离子运输的，但不是通过电场作用，而是通过碱性溶液的吸收并扩散到混凝土中发生的。在化学再碱化过程中，常用的碱性物质有氢氧化钾、氢氧化钠、碳酸钠以及它们的混合溶液，混凝土的pH值在外表面较高，在内部较低，与电化学再碱化过程刚好相反。液体进入混凝土的机制是多孔介质中的传质过程，一些物理和化学效应可以决定离子在水溶液中的传输。与这种传质有关的一些机制包括扩散、渗透性、吸收和毛细作用等。对于正在使用的混凝土，多种不同的传质机制可能同时在起作用。扩散、吸收和渗透率是液体与混凝土接触的时间函数。在毛细作用下，还有其他因素可以影响这些机制，如液体黏度，以及渗透性。吸收受液体与混凝土接触面积的影响，而扩散受液体浓度的影响。对于碱性溶液的进入，化学再碱化的方式可能会影响水力学性质。碱性溶液中的离子可以与溶解在孔隙水中的离子发生反应，形成新的产物，提高混凝土的pH值。然而，目前还没有研究描述在这一过程中发生了哪些反应。对于化学再碱化处理的混凝土性能，将参考样品(非碳化)与实际样品进行比较，发现化学再碱化不会影响混凝土的抗压强度，这说明化学再碱化可能不会引起混凝土内部结构的明显改变。

5.5 双向电迁移

这是目前提出的较新的一项技术，又称电迁移(electro-migration)、电迁移阻锈或是双向电迁移(bi-direction electro-migration)、电化学注入(eletro-injection)。这些名称主要是因为处理的目的不同，电迁移阻锈和电化学注入主要关注的是在电场作用下阻锈成分进入混凝土内部并发挥阻锈效果，而双向电迁移还关注外加电场下其他离子的迁移，比如去除有害的氯离子。理论上，阳离子和阴离子在溶液内部同时存在，采用的外加电场势必使内部离子发生双向迁移，所以我们对这类将阻锈材料作为阳极电解液的处理通称为电迁移处理，如图 5.6 所示。2005 年，Sawada 等最先提出进行电化学脱盐时在电解质溶液中加入迁移型阻锈剂[125]。阻锈剂可在电场的作用下进入混凝土，吸附于钢筋表面，既提高钢筋对氯离子的抵御能力，提高混凝土的碱度，同时又加速将阻锈剂迁至钢筋表面，达到多重保护的作用。

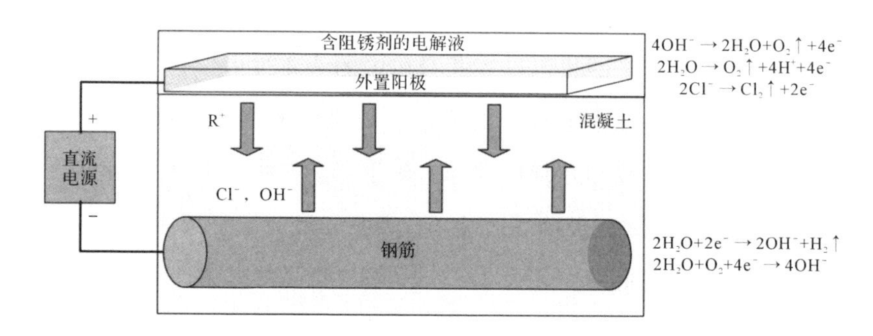

图 5.6 双向电渗技术和电极反应

目前，电迁移处理还基本处于实验研究阶段，国内外已经有多数实验团队对阻锈剂的筛选、阻锈效果以及对混凝土的组成和力学性能影响做了研究[123,133,168～170]。选择合适的阻锈剂材料是这项技术的关键。能在电场下移动的阻锈剂称为电迁型阻锈剂。应用于混凝土修复中的电迁移型阻锈剂必须有较好的阻锈能力，易溶于水，在碱性环境中电离形成阳离子，从而能在电场作用下向混凝土中迁移，并且性质稳定，不会对混凝土性能产生不利影响[171]。目前研究中所使用的电迁移阻锈剂见表4.1。可以看出，目前使用的迁移型阻锈剂主要为含氮阻锈剂，包括胺类和铵盐类。这类阻锈剂可以通过静电吸附或氮原子外层的自由电子与过渡金属的电子空轨道结合形成配位键，吸附于金属表面进而达到阻锈效果。此外，这些阻锈剂在碱性环境中以带正电荷的阳离子的形式存在，使得阻锈成分可以在电场驱动下迁移至阴极[172]。

从电迁移修复的效果来看，张俊喜等在实验中发现电场作用有利于乙醇胺和二甲基乙醇胺的迁移，并从电化学性质的分析来看，电迁移相对单纯的电化学再碱化的修复效果更优[141]。王卫仑等对比了电化学除氯法和二甲基乙醇胺电渗透联合修复钢筋的效果及修复后钢筋的腐蚀电化学性能，发现电渗联合修复技术具有阻锈剂活性基团，渗入更为有效，去除氯离子的能力近似相同[130]。Karthic 等对一种由碳酸胍、氨基硫脲、乙酸乙酯、三乙醇胺配制而成的阻锈剂溶液对钢筋混凝土的耐久性的提高做出评价，证明电渗前后钢筋被有效保护，使混凝土孔隙率下降[144]。章思颖等曾对几种胺类有机物：三乙烯四胺、二甲胺、N，N-二甲基乙醇胺、1，6-己二胺、碳酸胍及乙醇胺的阻锈效果进行了实验和评价，探究了阻锈剂浓度、pH 值以及混凝土中氯离子对阻锈效果的影响，从而筛选合适的迁移型阻锈剂[139]。郭柱则对三乙烯四胺在氯离子环境中的阻锈效果和长期效果做出评价，结果发现经过双向电迁移技术处理的试块抵抗氯离子侵入的能力最强，无论是从短期实验还是从长期实验的效果来看，电迁移修复对于钢筋的锈蚀都具有明显的抑制和修复作用[143]。但醇胺类阻锈剂在溶液中受解离 pH 值的影响较大。

咪唑啉季铵盐作为一种典型的阳离子型有机物，也可以作为新型阻锈剂，已有学者探究了它对受氯盐污染混凝土构筑物的腐蚀保护作用。在双向电迁移过程中，钢筋周围的 Cl^- 向外迁移，并且通过改性让咪唑啉季铵盐带有羧基基团，在迁移过程中会形成不可溶的钙盐，在混凝土内部沉积从而减小孔隙率[135~137]。此外，电化学修复过程中阴极材料的钢筋会发生析氢反应，这可能导致黏结强度的下降和钢筋氢脆。陈佳芸指出，三乙烯四胺和咪唑啉阻锈剂具有析氢抑制作用，这说明将合适的阻锈剂应用于双向电迁移技术也可以在一定程度上克服由电化学修复引起的副作用[173]；吴航通则对析氢抑制机理、迁移模型的合理性和纳米电迁移的效果进行探讨，进一步对双向电迁移技术进行优化提升[174]。

除了在实验室对阻锈剂的缓蚀性做出探讨外，有研究团队在水利修复工程中进行电迁移方法的现场实验，发现电迁移阻锈技术处理时间短，阻锈效果好，不仅能去除混凝土内部的氯离子，同时还能将阻锈成分快速渗透到钢筋表面[132,175]。

从以上的研究成果中可以看出，电迁移法是一项有效的保护方法，将来有望在更多的保护工程中实施。目前的研究中探究的阳离子型阻锈剂主要为醇胺类物质。研究发现，它们能在外加电场的作用下使其阳离子阻锈基团快速迁移到钢筋表面，并去除混凝土内的氯离子；迁移深度和阻锈剂的浓度与施加的电量、通电时间、电流密度有关。但这些材料也仍然存在着在碱性环境下迁移率低、对表面强度有影响等问题。

需要特别注意的是，这些迁移型阻锈剂是否会跟混凝土中的各种成分，包括水泥材料、孔隙液中的各种离子等，发生反应，从而改变孔隙表面的性质，或者改变孔隙结构。一些研究认为，氨基醇类阻锈剂一方面渗透至钢筋表面而形成保护膜，另一方面通过和混凝土反应生成沉淀，提高混凝土的密实度，一些阻锈剂中的磷酸盐、偏硅酸盐等可与 Ca^{2+} 发生反应生成磷酸钙、硅酸钙沉淀，生成阻塞、封闭混凝土孔隙的沉积物，细化孔结构，减小了有害孔径。例如，单氟磷酸钠（Na_2PO_3F）在未碳化水泥中自然渗透深度较浅，这是由于它和 $Ca(OH)_2$ 反应生成不溶性含钙磷灰盐（fluoroapatite，$Ca_5(PO_4)_3F$）：

$$5Ca(OH)_2+3Na_2PO_3F+3H_2O \longrightarrow Ca_5(PO_4)_3F+2NaF+4NaOH+6H_2O$$

还有一些含酯类成分的阻锈剂则能在碱性环境下水解，生成羧酸和对应的醇。在未碳化混凝土中，羧酸根离子与钙离子迅速生成不溶的脂肪酸钙盐沉淀且在孔壁处形成憎水层，改变孔隙的表面性质。而在通电过程中，羧酸根离子向阴极迁移，随着混凝土深度的增加，羧酸根离子的迁移量也逐渐减少，反应生成的脂肪酸钙盐也减少，对内层混凝土的孔隙填充能力逐渐降低，混凝土孔隙率也逐渐增大。与电化学除氯相比，可以形成沉淀的阻锈剂能更为有效地降低混凝土的总孔隙率，提升钢筋混凝土结构整体的耐久性，这也说明合适的双向电迁移阻锈剂不仅可以直接在钢筋表面吸附，起到延缓腐蚀的效果，也可以改善混凝土的孔隙结构来提高其耐久性。但也有一些研究表明，碳化后的混凝土不会和磷酸盐、醇胺类阻锈剂发生反应而生成沉淀。因此，不同种类的阻锈剂是否会与混凝土中的成分发生反应，并且如何影响电迁移处理的效果，进而影响钢筋混凝土结构的耐久性，以及与通电参数、混凝土本身性质等的关系，还需要进一步的研究和探讨[168,176,177]。对电迁移型阻锈剂做出更为全面的评价，以及寻找、开发合适的电迁移型阻锈剂材料仍是一项重要课题。

5.6　电沉积和电化学加固技术

混凝土中裂缝的产生会大大降低混凝土结构的耐久性和使用性，直接影响工程的质量和使用寿命。除了传统的灌浆法、表面修补法以外，电沉积的方法也可以有效填补裂隙，提高混凝土抗水、抗碳化与氯盐、硫酸盐和冻融侵蚀的能力。国际上，日本自 20 世纪 80 年代后期就开始利用电沉积方法修复海工混凝土结构裂缝的研究。其原理是利用阴极产生的氢氧根离子与阳离子反应生成不溶或者难溶的沉淀物以填补裂隙。电沉积处理时，海洋工程电解质溶液多采用海水。将电化学沉积法用于陆上混凝土裂缝，则需要选定合适的电沉积溶液，在实验研究时利用氯化镁（$MgCl_2$）、硫酸锌（$ZnSO_4$）、硫酸镁（$MgSO_4$）、硝酸镁[$Mg(NO_3)_2$]、醋酸镁[$Mg(CH_3COO)_2$]作为修复的电解质溶液[178]。有研究证明电沉积处理过程同样具有脱盐的效果，并提出电流密度大小会对脱盐和沉积填充效率产生影响，实验结果显示应该控制在

$1A/m^2$ 最为理想。近年来,国内外学者也研究了纳米电解质材料的修复效果[179]。将纳米氧化铝作为修复材料,利用当 pH 值小于 8 时纳米颗粒带正电的原理,在电场下进入混凝土内部,实验发现纳米氧化铝可以优化孔隙结构,增加混凝土和钢筋之间的黏结强度。

此外,也有学者利用电化学法在利用电场作用下使硅酸根迁移,从而达到降低混凝土渗透性的效果,硅酸根电迁移反应法是以 SiO_3^{2-} 为原材料,通过施加外加电场,电迁移驱动进入混凝土,利用 SiO_3^{2-} 与孔溶液中$Ca(OH)_2$反应生成 C—S—H 来致密化混凝土,由此获取高性能混凝土。研究表明,硅酸根电迁移反应法不仅能够使砂浆致密化,还能在砂浆表面生成表面涂层,由此显著提高电阻率,显示出大幅度提升混凝土耐久性的潜力。利用硅酸根电迁移反应法同样具有脱除氯盐的效果,但与饱和石灰水作为电解质相比,脱盐效率有所下降。

5.7 电化学保护法总结

电化学保护法作为一种比较新的保护方法,近年来受到越来越多的关注。其中,电化学除氯、电化学再碱化、电迁移处理这几种方法,在实际保护工程应用中的做法比较接近,都需要仔细考虑要处理的钢筋混凝土结构的自身性质、材料退化程度以及保存状况等因素。在进行处理之前,还需要慎重选择通电处理的时间、电流密度、选择的电解液等,还需要考虑通电过程对混凝土微观结构和性能的影响。

这里面非常需要关注利用电化学方法处理混凝土结构时的界面问题。在通电的时候,混凝土孔隙中的离子迁移规律符合电动力学原理,因为作为硅酸盐的混凝土材料,有溶液接触的时候,其表面带有一定的负电荷,形成界面的双电层结构,离子的迁移会受到孔隙带电表面的影响。在离子发生迁移的同时,由于双电层的作用,可能还会发生电渗流现象。这在不少的实际工作中都有发现[180,181]。

因此,电化学处理过程中,钢筋混凝土结构内部实际上是在发生非常复杂的物理化学过程，除了可能发生的一些反应外，界面现象引起的问题也需要关注，例如电渗流现象是否会影响电化学处理的效果以及混凝土结构的耐久性，都还需要进一步的研究。

另外，在通电过程中，还需要及时监测电流的变化。通电结束之后，也需要设置合理的措施来监测电化学处理的效果，这可以通过预埋电极等来完成。由于电化学保护方法的投入使用时间并不长，它们的长期保护效果还需要更多的时间来进行科学评估。

第六章

新型电迁移型阻锈剂

在本书第四章和第五章都提到了电化学保护技术中的双向电迁移技术，这项技术的关键是找到合适的电迁移型阻锈剂。从钢筋混凝土建筑遗产保护以及钢筋腐蚀防护的角度来看，阻锈剂如果能同时具有延缓钢筋腐蚀和保护混凝土的功能，例如对混凝土进行防水、加固，并且能够去除钢筋混凝土中的有害因子，例如氯离子，那么在保护处理的时候，就可以通过一次保护处理而达到多种保护效果，这也是文物保护中“最小干预”原则的体现。因此，寻找和筛选出具有多种功能的电迁移型阻锈材料，是获得最佳保护效果，同时又能遵循文物保护原则的关键问题。基于我们自己的研究结果，本章对具有这种功能的电迁移型阻锈材料进行探索。

6.1　多功能电迁移阻锈材料的筛选

在本书前面几个章节中有关电迁移技术的背景中已经介绍，电迁移型阻锈剂在碱性环境中可形成带正电荷阳离子阻锈基团，而且在电化学除盐的同时将这种阻锈剂迁移到钢筋表面。其中，醇胺类、胍类、季铵盐类物质溶于水后为阳离子，而且溶液呈碱性，适合于作为钢筋混凝土电迁移处理阻锈剂[134]。基于本书第四章介绍的表面涂层法，如果阻锈材料的分子结构能够含有硅氧键且为胺类或者季铵盐类，则可能在形成表面涂层的同时，吸附于钢筋表面，起到延缓腐蚀的作用。

我们在电化学修复的原则基础上，筛选了有机硅季铵盐和氨基硅烷(图 6.1)作为新型的电迁移型阻锈剂。

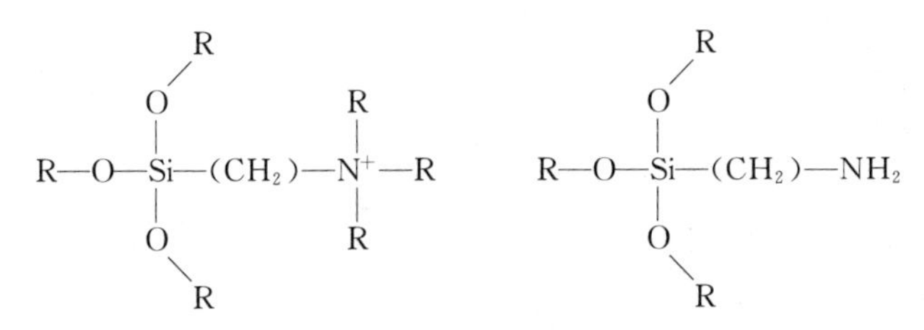

图 6.1　有机硅季铵盐和氨基硅烷的分子结构

有机硅季铵盐是一类新型的阳离子表面活性剂。从结构上看，一方面，它有带正电荷的季铵盐，能吸附于带负电的表面。有文献提出，季铵盐可以作为亲电子试剂。另一方面，它还含有非极性的疏水基团，向外排列可以形成疏水层，具有防水性。此外，有机硅季铵盐的烷氧基与水发生水解反应，脱去醇，形成三维交联有机硅树脂；这与其他的有机硅材料的加固机理相似，理论上，其羟基同混凝土硅酸盐缩合，从而使它和水泥基材牢固地连接起来，这可以起到孔隙填充的效果，提高防水性，并进一步提高混凝土的耐久性。因此，如果将有机硅季铵盐材料用于钢筋混凝土建筑遗产的保护修复中，既可以做到对混凝土部分的防水加固，又可以起到钢筋的防腐蚀功效，提高建筑材料的耐候性和耐腐蚀性能。而且，季铵盐类物质大多具有防霉、除霉的作用，它的使用也可以防止微生物对建筑的破坏。

同理，氨基硅烷含有硅烷结构，而且胺类在 pH 环境低于 pKa 时多数会呈阳离子形态。人们常将氨基硅烷用作硅烷偶联剂[182]，而硅烷偶联剂则可以作为金属表面的预处理层，有效地将有机涂层吸附在钢筋表面，代替铬酸盐钝化处理，对金属进行保护[112]。硅烷分子在金属基材表面吸附成膜的成因有多种，可能是与金属固化成 Si—O—Me 共价键；也可能是在金属表面发生硅烷分子的吸附及缩合：形成 Si—O—Si 互穿网络结构的外层硅烷膜。而氨基硅烷的情况还要复杂，其上的—NH_2 基团也可与金属表面的羟基形成氢键，发生吸附，其吸附情况与 pH 环境有关(图 6.2)[183]。

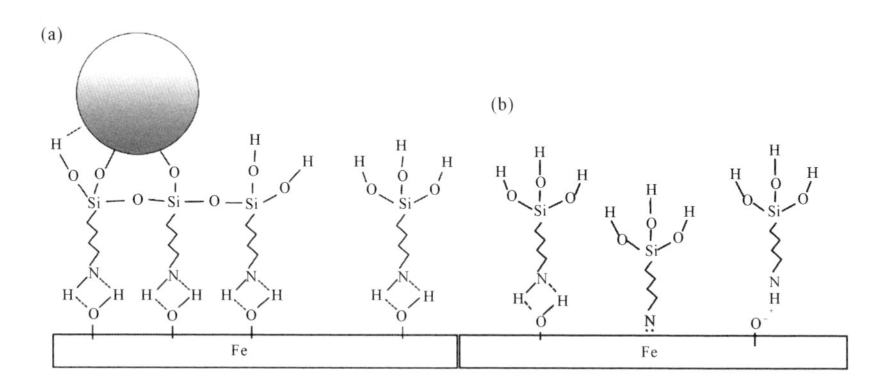

图 6.2 氨基硅烷在铁表面可能的吸附模型

目前,氨基硅烷虽被用于技术镀膜保护技术中,但从未用作混凝土的阻锈剂。因此,我们首先对其阻锈性能进行确认。

6.1.1 有机硅季铵盐的阻锈性能

我们采用的有机硅季铵盐溶液为二甲基十八烷基[3-(三甲氧基硅基)丙基]氯化铵(图 6.3)溶液(上海麦克林生化有限公司,65%溶于异丙醇溶液中,以下简称 SQAS)。

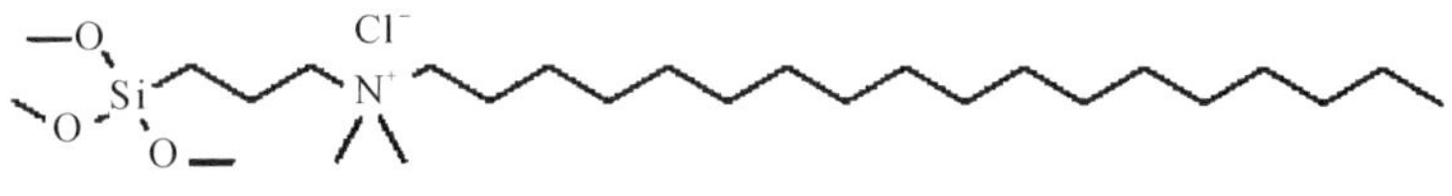

图 6.3 二甲基十八烷基[3-(三甲氧基硅基)丙基]氯化铵结构式

在测试有机硅季铵盐溶液的阻锈性能之前,需要研磨钢筋样品,控制研磨面积为 0.28cm^2,然后把钢筋浸渍在不同含量的有机硅季铵盐的模拟孔隙液中,并在不同浸渍时间里使用电化学工作站测量样品的电化学性质,以确定有机硅季铵盐溶液是否有保护钢筋使其减缓锈蚀的能力。

(1)样品的制备

选用钢筋 Q235 圆钢截面(D=0.6cm),暴露面积 0.28cm^2,在钢筋一端焊接电线,钢筋另一端用于连接电化学工作站。用环氧树脂包埋后研磨截面，最后用1500#砂纸抛光。

(2)阻锈效果的评价方法

电化学性质：采用的是三电极的电化学测试体系(图6.4)：以钢筋为工作电极(working electrode，WE)，以甘汞电极为参比电极(reference electrode，RE)，以玻碳电极为辅助电极(counter electrode，CE)；电解液采用浓度为0.3mol/L Cl^-的模拟孔隙液，添加不同浓度SQAS后通过滴加饱和碳酸氢钠($NaHCO_3$)溶液调节溶液的pH值至7.5。用水浴锅控制测试温度为25℃。测试中采用动电位极化曲线法和交流阻抗谱法对样品的电化学性质进行表征。主要使用的电化学工作站为荷兰Ivium Technologies BV公司的Vertex电化学工作站。具体的测试条件如下。

动电位极化曲线：扫描范围为−0.5～1.2V(vs开路电位)；扫描速度为0.5mV/s；绘制极化电位和相应电流密度关系的极化电阻曲线；通过电化学工作站自带软件拟合Tafel曲线，并分析计算腐蚀动力学参数。

电化学阻抗谱：频率范围为0.01～100000Hz；频幅为0.01V。采用Zview软件对等效电路元件进行拟合。

表面分析：将研磨后的钢筋表面在添加0.1mol/L SQAS与未添加SQAS的模拟腐蚀溶液中浸渍30天后取出，进行表面观察和分析。表面观察主要通过光学显微镜观察和电子显微镜观察，表面分析则通过衰减全反射－红外光谱进行分析(FTIR-ATR，采用的仪器为Bruker Alpha Ⅱ)。

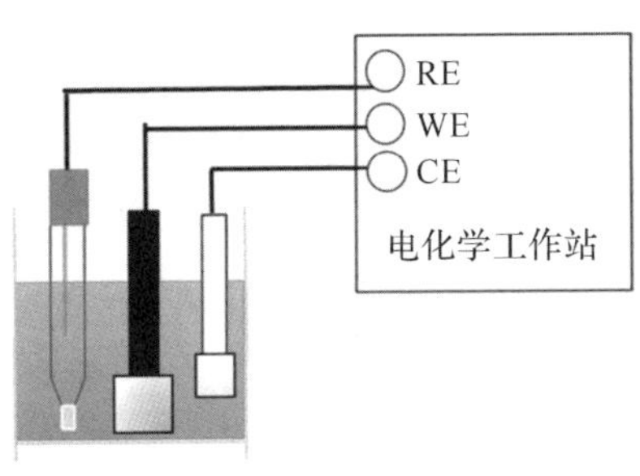

图6.4　电化学测试装置

(3)结果与讨论

a)电化学性质

从图 6.5 和表 6.1 中可以看出,加入 SQAS 后,腐蚀电流密度(I_{corr})明显下降,腐蚀电位向负方向偏移,与空白组相比,阳极电流密度下降,出现明显的维钝区。加入有机硅季铵盐的样品,随浸渍时间增长,腐蚀电流密度呈现先增大后减小的趋势,而空白样品呈现腐蚀电流密度不断增大,腐蚀电位不断向负方向移动的趋势。电化学阻抗谱的结果也显示相同的趋势,SQAS 浓度越大,膜电容越小,在浸渍 24 小时后膜电容基本趋于平稳,略出现增大趋势,膜电阻则由于浓度变化而趋势不定;添加有机硅季铵盐与未添加有机硅季铵盐的双电层电容的变化趋势明显不同,有机硅季铵盐浓度越大,电容越小,电阻越大,但随浸渍时间增长,表面的有机硅季铵盐不断脱附,电阻逐渐减小,但仍然维持较低的双电层电容。从电化学测试的结果来看,有机硅季铵盐可以在一定时间内吸附在钢筋表面并起到明显的缓蚀作用。其他情况分别见图 6.6、图 6.7、表 6.2、表 6.3。

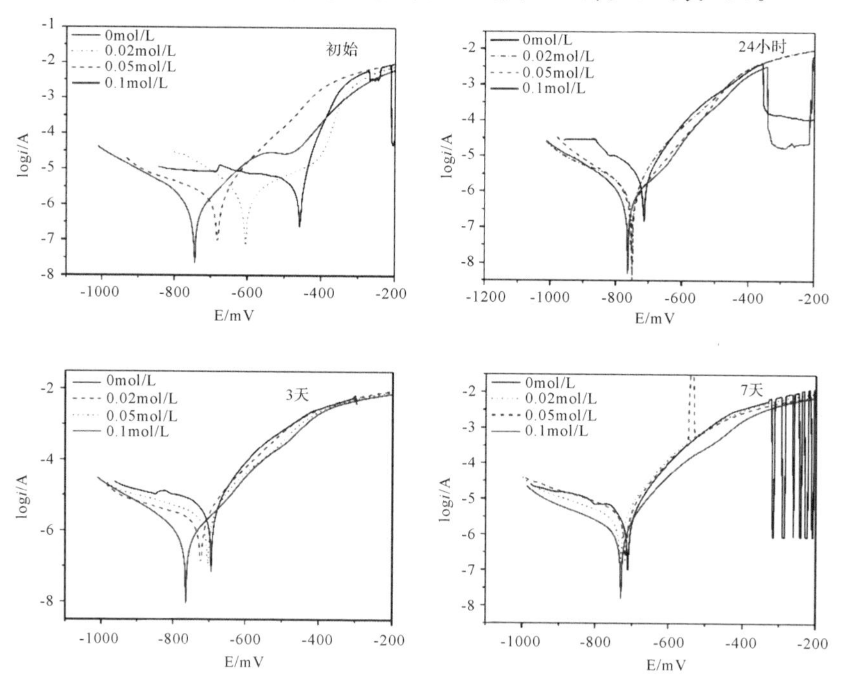

图 6.5 不同浸渍时间下的动电位极化曲线

表 6.1 极化曲线电化学参数

SQAS浓度/(mol·L^{-1})	浸渍时间/h	腐蚀电位/V	腐蚀电流/(A·cm^{-2})	极化电阻/Ohm	阳极Tafel斜率/(V·dec^{-1})	阴极Tafel斜率/(V·dec^{-1})	腐蚀速率/(mm·y^{-1})
0	0	−0.4845	1.73×10^{-5}	4303	0.052	0.563	0.2005
	24	−0.6958	2.42×10^{-5}	5091	0.09	0.668	0.2816
	72	−0.6964	2.06×10^{-5}	5162	0.083	0.390	0.0189
	168	−0.7298	2.49×10^{-5}	5419	0.107	0.457	0.0814
0.02	0	−0.5946	9.1×10^{-6}	17510	0.238	0.181	0.1057
	24	−0.7628	6.62×10^{-6}	17690	0.104	0.277	0.0768
	72	−0.7447	8.08×10^{-6}	14780	0.101	0.321	0.0938
	168	−0.6803	1.56×10^{-5}	6964	0.087	0.354	0.1806
0.05	0	−0.6965	6.84×10^{-6}	16910	0.101	0.281	0.0794
	24	−0.7312	3.3×10^{-6}	27230	0.087	0.175	0.0383
	72	−0.7118	1.24×10^{-5}	10380	0.104	0.414	0.0114
	168	−0.7364	2.1×10^{-5}	5979	0.105	0.353	0.0687
0.1	0	−0.7254	3.96×10^{-6}	26480	0.106	0.187	0.0130
	24	−0.7355	2.24×10^{-6}	40940	0.092	0.165	0.0073
	72	−0.7426	3.01×10^{-6}	32380	0.098	0.176	0.0098
	168	−0.7484	5.76×10^{-6}	19590	0.103	0.249	0.0189

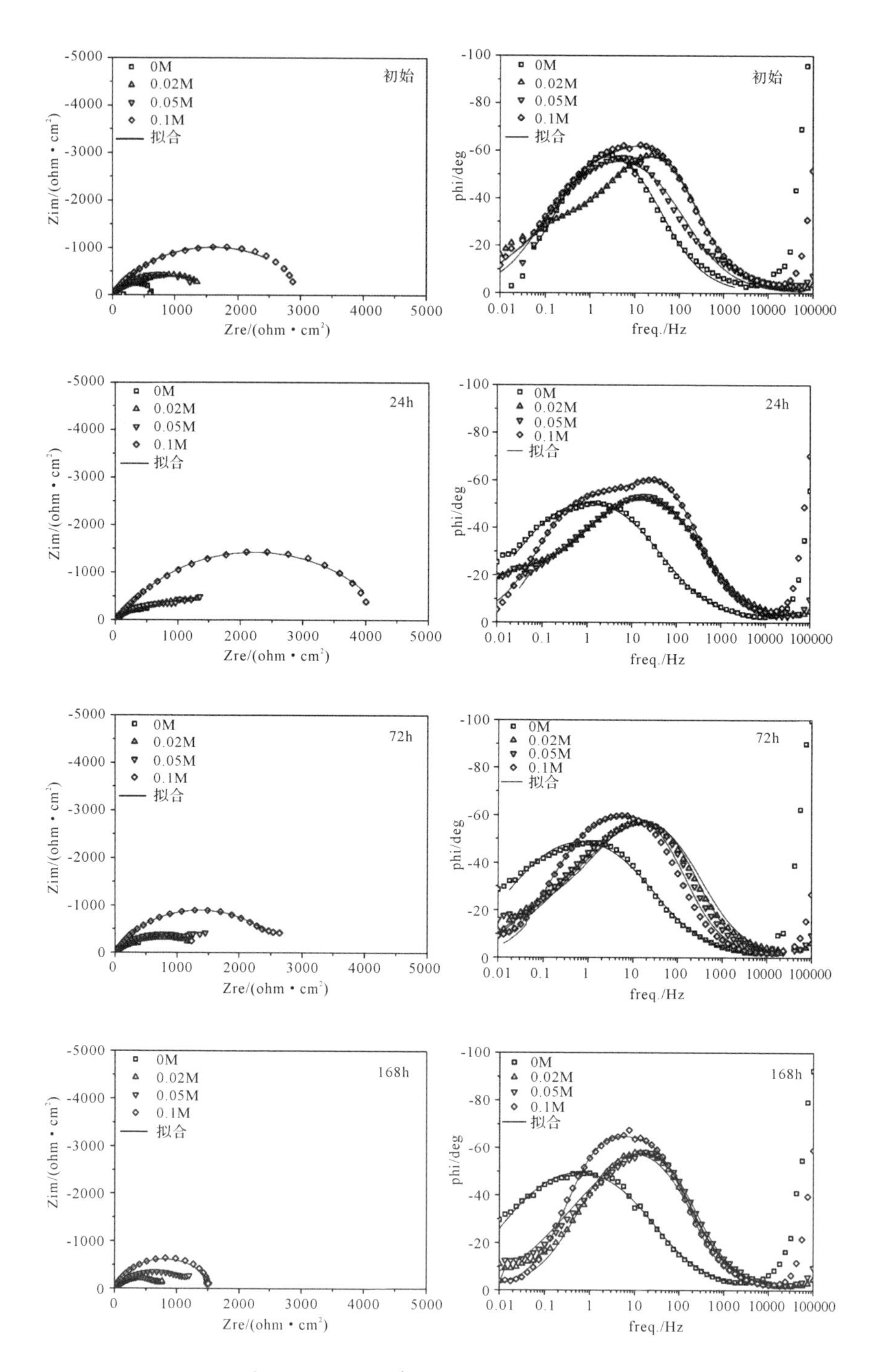

图 6.6 不同浸渍时间下的电化学阻抗谱

表 6.2　有机硅季铵盐的电化学阻抗谱参数

SQAS 浓度/(mol·L^{-1})	浸渍时间/h	R_s/(Ω·cm^2)	CPE f/(F·cm^{-2})	n_1	R_f/(Ω·cm^2)	CPE dl/(F·cm^{-2})	n_2	R_{ct}/(Ω·cm^2)
0	0	10.65	—	—	—	0.001346	0.77688	701.2
	9	6.133	—	—	—	0.00453	0.68235	624.9
	24	5.619	—	—	—	0.00457	0.65046	712.3
	72	6.327	—	—	—	0.005998	0.63865	674.8
	168	5.644	—	—	—	0.006943	0.64020	719.5
0.02	0	8.813	0.000305	0.80909	370.7	0.00143	0.59510	1336.0
	9	8.013	0.000612	0.69908	465	0.004281	0.66385	1267.0
	24	8.37	0.00053	0.69617	660.9	0.003044	0.54935	1606.0
	72	7.448	0.000423	0.75947	539.9	0.001956	0.53281	962.7
	168	8.783	0.000431	0.80258	0.00017	0.001038	0.11811	1905.0
0.05	0	9.933	0.000842	0.721	784.1	0.0013	0.25273	1200.0
	9	9.368	0.000544	0.72059	580.1	0.001316	0.47251	2487.0
	24	9.294	0.000366	0.7519	252.4	0.000985	0.38200	1650.0
	72	10.35	0.000253	0.81933	243.4	0.00071	0.46892	1435.0
	168	9.245	0.000336	0.80642	357.5	0.000888	0.50716	1024.0
0.1	0	9.741	0.00028	0.80777	770.8	0.000303	0.66651	2363.0
	9	10.73	0.000155	0.83133	328.4	0.000252	0.60858	6881.0
	24	11.97	0.000161	0.82821	542.8	0.000246	0.71338	3786.0
	72	16.81	0.000225	0.83581	374.5	0.000218	0.63950	2348.0
	168	10.49	0.0003	0.84969	593.6	0.000088	0.92619	968.9

注：等效电路为

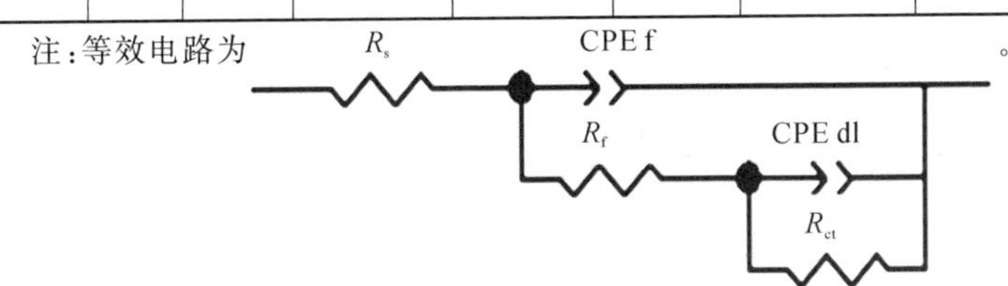

。

表 6.3　等效电路中各元件的意义

符号	含义
R_s	溶液电阻
R_f	阻锈剂吸附的膜电阻
R_{ct}	电荷转移电阻
CPE f	常相位角元件，由膜电容 C_f 和弥散指数 n_1 组成
CPE dl	常相位角元件，由双电层电容 C_{dl} 和弥散指数 n_2 组成
η	阻锈效率

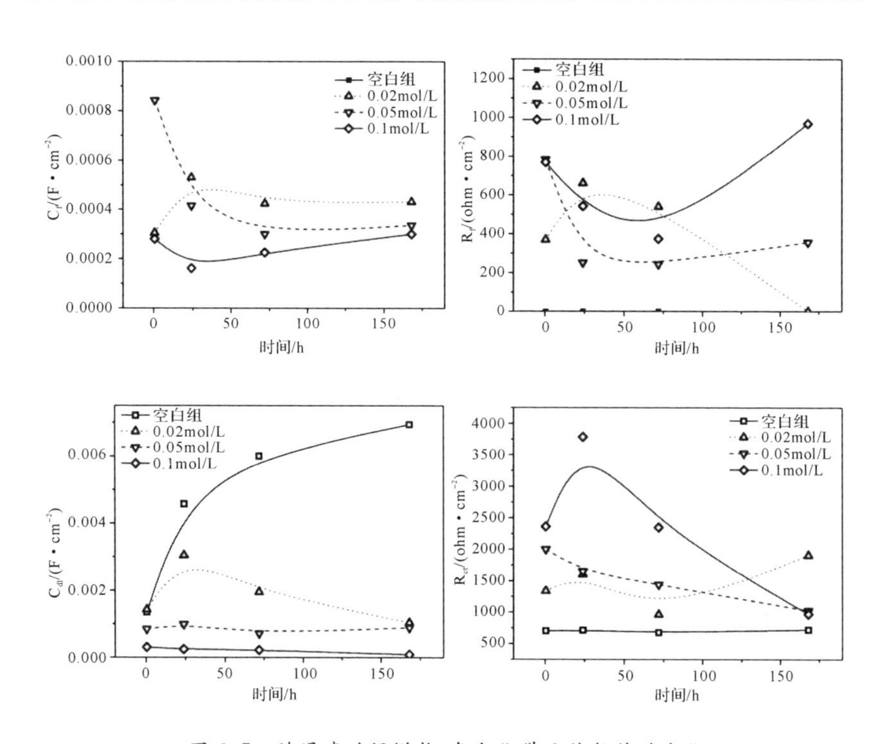

图 6.7　随浸渍时间增长，各电化学元件数值的变化

b)表面分析

表面观察(图 6.8)中可以发现，经不含有机硅季铵盐的溶液浸渍后，钢筋表面出现多处孔蚀，出现黑色腐蚀产物。而有机硅季铵盐溶

液浸渍的钢筋的腐蚀情况则明显减缓，从电子显微镜观察(图 6.9)中可以明显看出，表面深色部分为黄色膜。从 ATR-FTIR 光谱(图 6.10)中可以看出，钢筋表面检测出 2800～2900cm^{-1}附近的 C—H 伸缩振动和 1071cm^{-1}、797cm^{-1}、680cm^{-1}附近的峰，均可看出有机硅季铵盐已经吸附在钢筋表面；此外，还检测出 1420cm^{-1}、876cm^{-1}处碳酸根特征峰的强峰，这是因为溶液中的碳酸钠或者碳酸氢钠会吸附于表面，或者碳酸根与氯离子发生置换，与有机硅季铵盐阳离子部分结合。

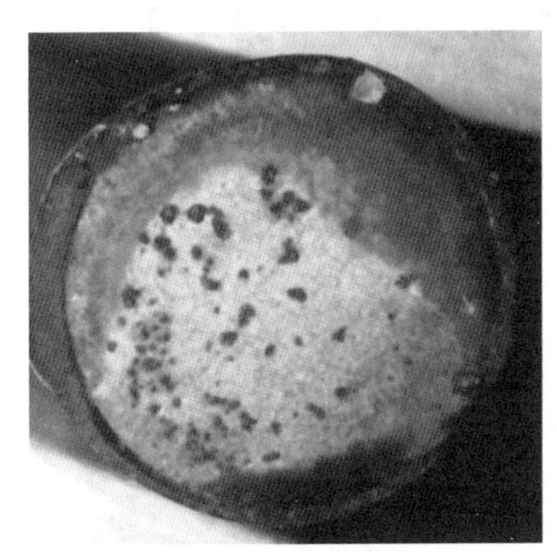

图 6.8　浸渍 7 天有机硅季铵盐后钢筋的表面状态

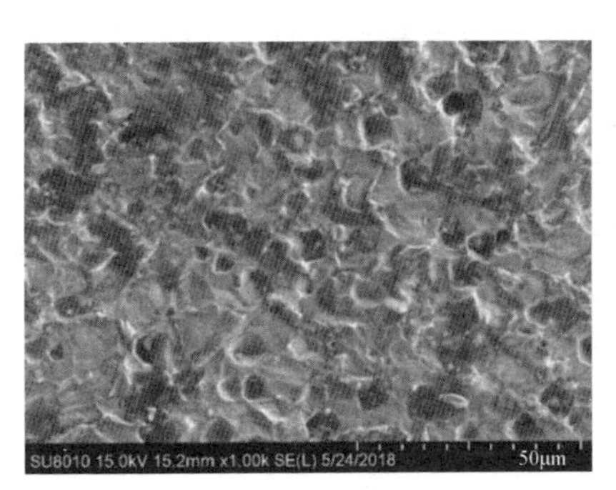

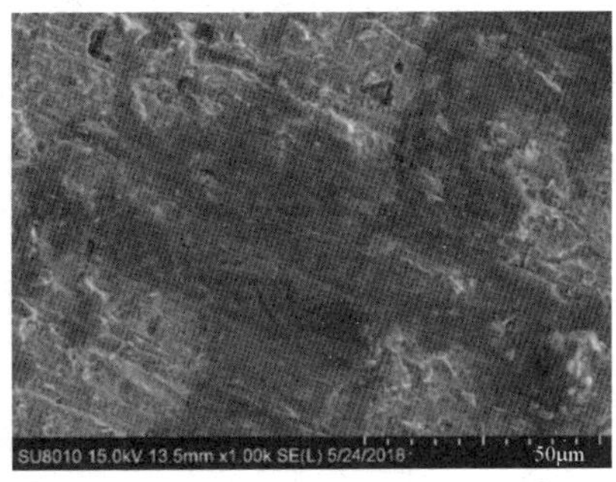

图 6.9　电子显微镜观察

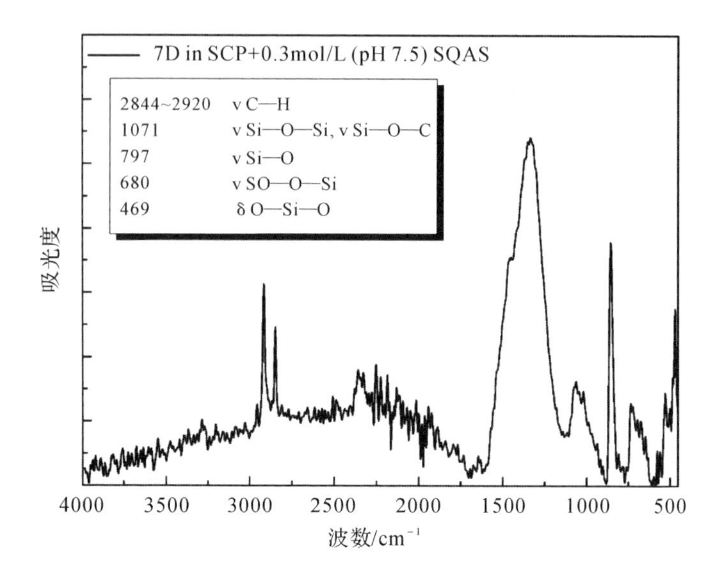

图 6.10　在含有机硅季铵盐溶液中浸渍 7 天的钢筋表面的红外光谱

表面观察与电化学测试结果均显示，有机硅季铵盐可以吸附于钢筋表面成膜。随溶液中有机硅季铵盐浓度增加，腐蚀电流减小，双电层电阻增大，均显示具有良好的阻锈效果。

6.1.2　氨基硅烷的阻锈效果

我们选择的氨基硅烷为 3-氨丙基三乙氧基硅烷(图 6.11)(上海麦克林生化试剂有限公司，99%)，以下简称为 APS。APS 经常被用于硅烷偶联剂。

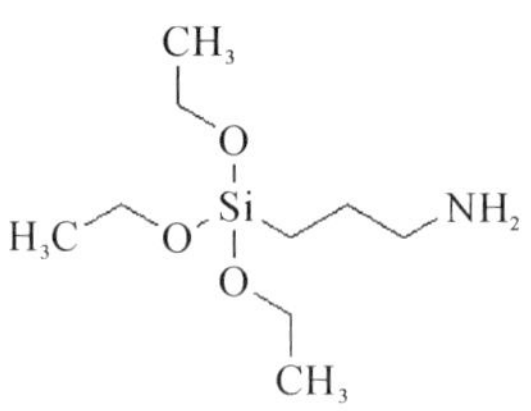

图 6.11　3-氨丙基三乙氧基硅烷的分子结构

(1)样品制备和溶液配制

样品的制备方式与测试方法基本上和有机硅季铵盐的制备及测试方式一致。但在模拟孔隙液的测试中,氨基硅烷的模拟孔隙液采用两种:一种为 $NaHCO_3/Na_2CO_3$ 溶液,按 0.3mol/L∶0.1mol/L 配制,pH=9,模拟碳化后混凝土的孔隙液;另一种为饱和石灰水,pH=12。溶液中加入不同浓度(0、0.05mol/L、0.1mol/L、0.2 mol/L)的 APS,以及不同浓度(0、0.1mol/L、0.6mol/L)的氯化钠。在饱和石灰水中加入 APS 后,溶液的 pH 值会下降,因此,加入 0.5mol/L 氢氧化钠溶液,调节 pH 值至 12 左右。

(2)测试方法

电化学测试方法采用极化曲线和电化学阻抗谱,具体测试条件与有机硅季铵盐模拟孔隙液中的测试方法一致。

表面观察是在模拟未碳化[pH=12,$Ca(OH)_2$ 溶液中]和碳化(pH=9,$NaHCO_3/Na_2CO_3$)条件下进行,溶液中配入 0.3mol/L NaCl 和 0.2mol/L APS(与未添加 APS 的溶液进行对比)。浸渍 30 天后进行表面观察。

(3)结果与讨论

a)电化学性质

电化学性质分别见图 6.12、图 6.13 以及表 6.4~表 6.7。

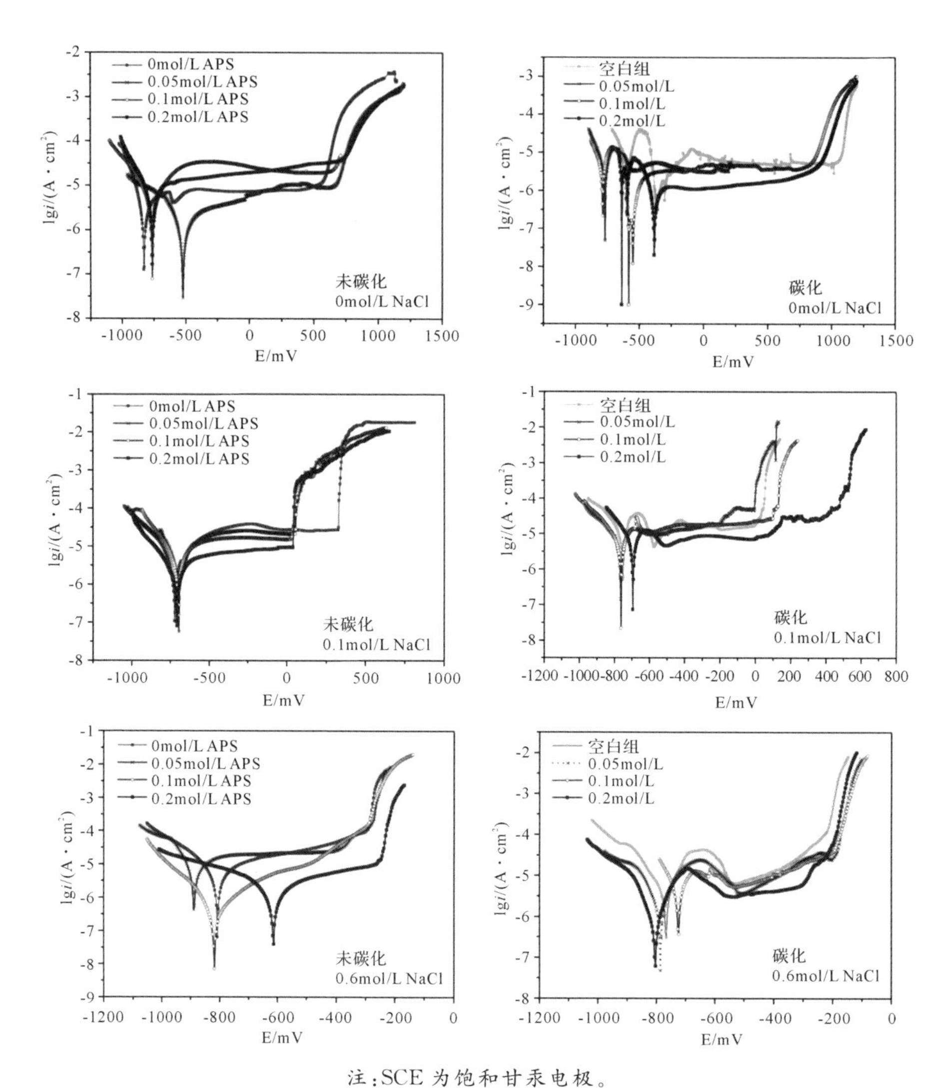

注:SCE为饱和甘汞电极。

图 6.12 不同 pH 环境下不同浓度以及不同氯盐浓度下的极化曲线

表 6.4　未碳化组电化学参数

NaCl 浓度/(mol·L^{-1})	APS 浓度/(mol·L^{-1})	腐蚀电位/V	腐蚀电流/(μA·cm^{-2})	极化电阻/Ohm	阳极 Tafel 斜率/(V·dec^{-1})	阴极 Tafel 斜率/(V·dec^{-1})	腐蚀速率/(mm·y^{-1})	突破电位/V
0	0	−0.71	10.10	25754.33	0.49	0.14	0.03	0.59
	0.05	−0.48	4.72	144200.00	0.48	0.20	0.02	0.67
	0.1	−0.81	24.68	8420.75	0.46	0.17	0.08	0.65
	0.2	−0.63	18.49	152933.00	0.66	0.15	0.06	0.69
0.1	0	−0.69	21.12	18497.00	0.21	0.13	0.07	0.31
	0.05	−0.70	16.54	12108.33	0.24	0.16	0.05	0.28
	0.1	−0.75	17.25	8265.50	0.22	0.16	0.06	−0.01
	0.2	−0.70	9.76	18903.33	0.27	0.18	0.03	0.04
0.6	0	−0.79	22.55	17168.75	0.34	0.15	0.07	−0.29
	0.05	−0.82	17.41	14386.67	0.43	0.10	0.06	−0.23
	0.1	−0.78	23.82	47001.33	0.26	0.17	0.08	−0.27
	0.2	−0.78	22.70	15154.25	0.39	0.19	0.07	−0.24

表 6.5　碳化组电化学参数

NaCl 浓度/(mol·L^{-1})	APS 浓度/(mol·L^{-1})	腐蚀电位/V	腐蚀电流/(μA·cm^{-2})	极化电阻/Ohm	阳极 Tafel 斜率/(V·dec^{-1})	阴极 Tafel 斜率/(V·dec^{-1})	腐蚀速率/(mm·y^{-1})	突破电位/V
0	0	−0.35	5.85	23933.33	0.17	0.19	0.02	1.06
	0.05	−0.54	9.80	34419.33	0.32	0.14	0.03	0.97
	0.1	−0.41	2.62	57656.67	0.38	0.14	0.01	0.94
	0.2	−0.43	2.25	67453.33	0.32	0.11	0.01	0.91

续表

NaCl浓度/(mol·L⁻¹)	APS浓度/(mol·L⁻¹)	腐蚀电位/V	腐蚀电流/(μA·cm⁻²)	极化电阻/Ohm	阳极Tafel斜率/(V·dec⁻¹)	阴极Tafel斜率/(V·dec⁻¹)	腐蚀速率/(mm·y⁻¹)	突破电位/V
0.1	0	−0.77	35.85	3220.25	0.17	0.11	0.11	−0.04
	0.05	−0.76	26.41	5063.67	0.17	0.14	0.09	0.07
	0.1	−0.76	25.02	5717.33	0.20	0.14	0.08	0.22
	0.2	−0.76	18.54	7415.00	0.23	0.14	0.06	0.34
0.6	0	−0.75	27.82	2442	0.15	0.08	0.09	−0.26
	0.05	−0.78	25.24	5769.00	0.20	0.19	0.08	−0.21
	0.1	−0.77	23.54	5764.00	0.24	0.16	0.08	−0.20
	0.2	−0.77	14.30	7578.33	0.20	0.12	0.05	−0.18

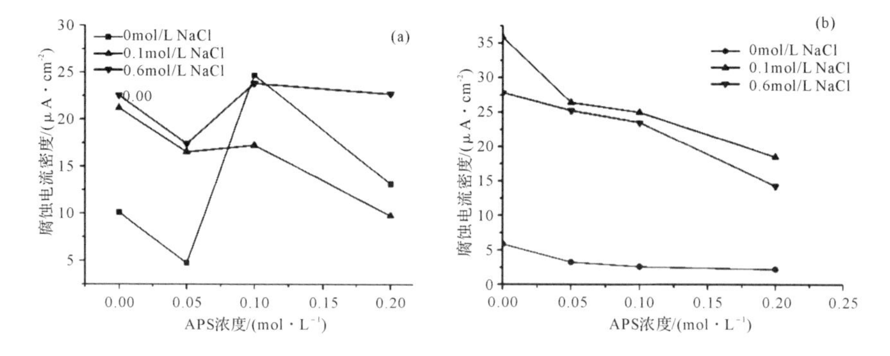

图 6.13 在(a)未碳化模拟孔隙液与(b)碳化模拟孔隙液中不同氯盐环境下腐蚀电流密度随 APS 浓度的变化

表 6.6　饱和石灰水体系中，不同氯化钠浓度和不同 APS 浓度的阻抗谱参数

NaCl 浓度/($mol \cdot L^{-1}$)	APS 浓度/($mol \cdot L^{-1}$)	R_s/($\Omega \cdot cm^2$)	CPE f/($\mu F \cdot cm^2$)	n_1	R_2/($k\Omega \cdot cm^2$)	CPE_2 dl/($\mu F \cdot cm^2$)	n_2	R_3/($k\Omega \cdot cm^2$)	η/%
0	0	27.47	101.57	0.83	0.74	600.36	0.39	4.17	—
	0.05	33.51	65.07	0.85	2.86	448.46	0.48	6.01	31
	0.1	35.99	113.60	0.81	0.39	1890.10	0.40	2.76	−51
	0.2	28.52	102.77	0.83	0.59	725.37	0.54	4.55	8
0.1	0	9.15	97.95	0.86	0.69	1823.40	0.40	2.11	—
	0.05	9.25	73.19	0.81	0.63	1472.53	0.35	3.14	33
	0.1	12.85	81.29	0.86	0.39	1667.00	0.28	4.80	56
	0.2	11.20	89.53	0.87	1.00	479.10	0.34	14.81	86
0.6	0	3.20	84.22	0.86	0.11	554.60	0.33	8.26	—
	0.05	3.63	131.41	0.87	0.37	836.43	0.44	4.73	−74
	0.1	3.83	87.96	0.83	0.20	1098.05	0.44	2.33	−254
	0.2	5.02	90.06	0.85	0.19	1770.45	0.37	1.58	−424

表 6.7 碳酸钠/碳酸氢钠体系中，不同氯化钠浓度和不同 APS 浓度的阻抗谱参数

NaCl 浓度/ (mol·L^{-1})	APS 浓度/ (mol·L^{-1})	CPE f/ (μF·cm^2)	n_1	R_2/ (Ω·cm^2)	CPE dl/ (μF·cm^2)	n_2	R_3/ (kΩ·cm^2)	η/%
0.0	0	125.05	0.87	4939.00	58.45	0.53	97.70	—
	0.05	283.43	0.80	1073.00	372.67	0.70	78.51	—
	0.1	138.62	0.85	13900.00	62.36	0.69	57.68	—
	0.2	139.45	0.83	12821.00	197.35	0.73	38.60	—
0.1	0	658.55	0.82	184.60	1611.40	0.49	1.72	—
	0.05	321.75	0.84	94.19	3561.60	0.45	6.81	75
	0.1	295.04	0.84	238.87	1634.00	0.50	9.50	82
	0.2	164.55	0.84	2882.15	216.08	0.53	15.72	89
0.6	0	327.12	0.83	1744.10	863.36	0.75	1.85	—
	0.05	576.12	0.79	1042.85	176.17	0.32	3.18	42
	0.1	42.10	0.82	380.83	814.96	0.52	4.59	60
	0.2	361.40	0.80	1706.50	574.05	0.57	4.46	59

注：等效电路图为。

从极化曲线和 Tafel 拟合参数来看，在未碳化混凝土模拟孔隙液（饱和石灰水）中，仅 NaCl 浓度为 0.1mol/L 时，APS 浓度升高，腐蚀电流密度下降，其他浓度时均未出现明显的下降趋势，这可能是因为本身溶液碱性较强，在表面可以生成钝化膜，而 APS 加入可能会与氢氧化钙发生反应，加速 APS 水解，降低 APS 活性。而在碳化的模拟孔隙液（$NaHCO_3$/Na_2CO_3）中，则随着 APS 浓度升高，腐蚀电流密度明显下降，0.1mol/L NaCl 溶液与 0.6mol/L 溶液的腐蚀电流密度相近。

电化学阻抗谱也显示同样的倾向，在未碳化饱和石灰水中，仅在 NaCl 浓度为 0.1mol/L 时阻锈效率较高。

b)表面分析

表面分析见图 6.14、图 6.15。

图 6.14 钢筋样品在(a)未碳化模拟孔隙液中含 0.3mol/L NaCl，不加 APS；(b)碳化模拟孔隙液中含 0.3mol/L NaCl，不加 APS；(c)未碳化模拟孔隙液中含 0.3mol/L NaCl，含 0.2mol/L APS；(d)碳化模拟孔隙液中含 0.3mol/L NaCl，含 0.2mol/L APS 溶液，浸渍 30 天后钢筋的表面状态

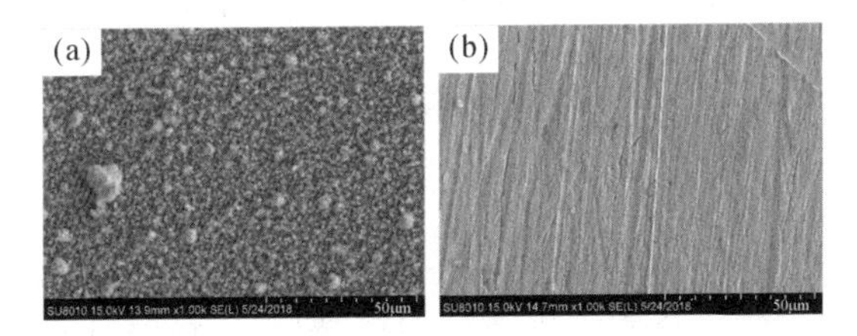

图 6.15 (a)未碳化模拟孔隙液中含 0.3mol/L NaCl 与 0.2mol/L APS；(b)碳化模拟孔隙液中含 0.3mol/L NaCl 与 0.2mol/L APS 溶液，浸渍 30 天后钢筋的表面的电子显微镜观察

虽然从未碳化模拟孔隙液中的电化学测试结果来看，APS 没有起到良好的阻锈效果，但是通过浸渍实验可以发现，缓蚀效果还是十分明显。加入 APS 溶液的钢筋表面腐蚀明显得到抑制，表面金属光泽略减弱。在碳化模拟孔隙液中，腐蚀面积明显减小，金属表面部分保持金属光泽，部分则呈哑光色。

电子显微镜观察则可以明显看出，在未碳化模拟孔隙液中浸渍后的钢筋表面，有明显的小颗粒聚集，这可能是氨基硅烷水解聚合后形成的，而碳化模拟孔隙液浸渍的钢筋表面则没有出现明显的聚集和成膜部分。

6.2　阻锈剂电迁移后性能的比较

在上一节的研究中已经发现有机硅季铵盐{二甲基十八烷基[3-(三甲氧基硅基)丙基]氯化铵}和氨基硅烷(3-氨丙基三乙氧基硅烷)都具有一定的阻锈效果，确定了电化学测定方法和通电条件。但是，关于有机硅季铵盐和氨基硅烷在有混凝土保护层的情况下是否能够到达钢筋表面而起到缓蚀作用，相比起其他文献中已经提到的阻锈剂，利用有机硅季铵盐和氨基硅烷电迁移处理在除氯、再碱化和提高混凝土耐久性的表现上仍然需要进行验证。

已有研究文献中提到了电迁移型阻锈剂(碳酸胍和1,6-己二胺)，在这基础上探索一种对钢筋混凝土中的钢筋具有阻锈作用的新型阻锈剂，需要进行如下分析和操作：①制备与置于自然环境中的钢筋混凝土建筑遗产相似的钢筋混凝土样块，并将其作为实验材料，使实验更接近于真实情况；②制备不同的阻锈剂溶液，然后对钢筋混凝土样块进行双向电渗处理，电场作用使阻锈剂进入钢筋混凝土并到达钢筋表面；③使用电化学工作站对双向电渗处理之前和双向电渗处理之后的钢筋混凝土试件进行极化曲线和电化学阻抗谱的测量，通过比较前后的极化曲线和电化学阻抗谱来比较不同阻锈剂的阻锈效果；④针对双向电渗处理后的混凝土，在混凝土不同深度采取粉末样，进行氮元素含量的测量，验证阻锈剂的电迁移能力，并设置自然渗透对照组作对比。

我们的目的是寻找新的电迁移型阻锈剂，主要以含氮类物质为主进行探讨，并与文献中提到的醇胺类和胍类材料的阻锈效果与对混凝土的耐久性的影响进行对比。其中，有机硅季铵盐和氨基硅烷可能具有多重功效，由于有机硅季铵盐会发生水解、聚合、交联反应，在实验中的表现未知，因此，我们使用钢筋在碱性电解液溶液中进行实验。此外，碳化程度也会影响混凝土内的 pH 值，这对胺类物质的离子化程度会有较大影响，很可能影响电场下离子的迁移过程。因此，碳化也作为一个考虑条件进行探讨。

6.2.1　实验方法

(1)实验材料

具体实验材料见表 6.8、表 6.9。

表 6.8　实验中使用的阻锈剂

基本信息	级别	性状	pKa
碳酸胍(guanidine carbonate) $C_2H_{10}N_6 \cdot H_2CO_3$；分子量：180.17	分析纯	白色结晶性粉末	13.60
1,6-己二胺(1,6-hexylenediamine) $C_6H_{16}N_2$；分子量：116.20	分析纯	白色片状结晶体	11.86
氨基硅烷(3-aminopropyl triethoxysilane)	99.7%	液体	9.5(自行滴定算得)
有机硅季铵盐 二甲基十八烷基[3-(三甲氧基硅基)丙基]氯化铵溶液； (octadecy ldimethyl trimethoxysilylpropyl ammoniumchlorideinme) $C_{26}H_{58}C_lNO_3Si$；分子量：496.28	42% 溶于甲醇	液体	—

表 6.9 实验中使用的其他化学药品

试剂名称	化学式	分子量	级别	性状
氯化钠	NaCl	58.44	分析纯	无色结晶
无水碳酸钠	$NaCO_3$	105.99	分析纯	白色粉末
磷酸	H_3PO_4	98.00	分析纯	无色、无嗅的黏稠液体

(2)电迁移前钢筋混凝土试件的制备和处理

钢筋的预处理:取 HPB235 光圆钢筋,直径为 6mm,长度为 105mm,用打磨机将钢筋打磨,去除钢筋表面大部分的油污与铁锈,以获得较平整光滑的钢筋,然后根据电镀手册进行进一步除锈、除油的预处理。然后将两端钢筋按照 80#、240#、400#、800#、1500# 砂纸的顺序进行研磨后,浸渍在饱和石灰水中 7 天,进行预钝化处理。在钢筋的一端点焊电线后进行树脂包埋,保持暴露部分为钢筋下方 4cm,暴露面积为 $8.168cm^2$。

钢筋混凝土试样的浇筑:水泥设计配比(kg/m^3)为水泥∶砂∶水=1∶2.86∶0.55,将标准砂(中国 ISO 标准砂 GB/T 17671—1999)和水泥[普通硅酸盐水泥(PO 42.5)GB/T 175—99]置于桶中进行充分搅拌混合,用大功率搅拌器充分搅拌制得水泥砂浆,取 50mm×50mm×50mm 的模具,喷涂脱模剂后将经过预处理的钢筋架在模具中央小孔中,然后用大铁勺将水泥砂浆加入模具中,将钢筋放置在水泥浆中,保证保护层为 4cm(图 6.16)。制作时不断摇晃震动模具,使水泥砂浆能够均匀分散在模具中,同时赶走砂浆中的气泡,最后用铲子沿着模具上表面,将多余的水泥砂浆刮走,以保证上平面的完整。

钢筋混凝土试样的养护:将浇筑好的钢筋混凝土试样放置 1 天后进行脱模,取出试样,放入标准养护室(T=22℃,相对湿度 RH=70%),每天对样块表面喷淋水,养护 28 天。在自然条件下保存至少 3 个月。碳化试件则在 20%CO_2、RH 90%碳化箱中加速碳化 20 天。所有试件在 1mol/L 氯化钠溶液中浸渍 7 天。

(3)双向电迁移处理

钢筋混凝土试件(图 6.16)浸入电解液的深度(不计露出钢筋的长度)为 1cm。取钢筋混凝土试件,将 5 个面和 1 端露出,除露出面以外用石蜡包埋,再将其平放在钛网上。电迁移处理的串联回路中,以钛网作为阳极,以钢筋作为阴极,通过导线将两极与直流电源相连接。

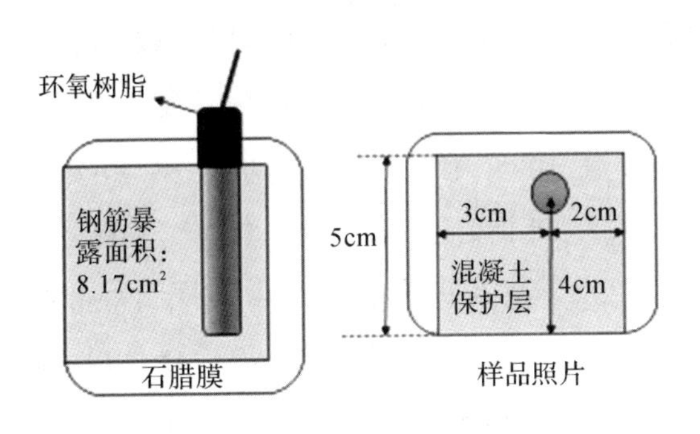

图 6.16　钢筋混凝土试件示意图

配置一定量的阻锈剂溶液(0.5mol/L 的碳酸钠溶液,0.5mol/L 碳酸胍,1,6-己二胺溶液,0.2mol/L 的有机硅季铵盐溶液,1mol/L 氨丙基三乙氧基硅烷),碳酸钠溶液作为对照组,配置氨丙基三乙氧基硅烷溶液和 1,6-己二胺溶液时需要用一定量的磷酸调节其 pH 值略小于各自的 pKa,此时能使溶液中存在的阳离子量约等于所溶解的物质的一半,若不适当降低 pH 值,则溶液中的阳离子会偏少,在双向电渗处理中可能就无法在一定时间内有足够的阻锈剂进入钢筋混凝土,从而影响其阻锈效果。将有机硅季铵盐配置成 0.2mol/L,溶剂采用乙醇∶水=8∶2 的配比(体积比)。这是因为配置浓度为 0.5mol/L 时,有机硅季铵盐溶液会发生水解,致使溶液变得黏稠,不利于进行双向电迁移处理,因此,将溶液浓度调为 0.2mol/L。

将与钢筋连接的导线和电源的负极连接,使钢筋作为阴极,将与钛网连接的导线和电源的正极连接,使钛网作为阳极,将电解液缓慢倒入培养皿内至液面高于浸渍面 0.5cm,取施加的电流密度为 $3A/m^2$,通电 30 天(每 3 天换一次溶液)。

(4)评价方法

除氯效率:将电迁移处理后的试件与未处理的试件在平行于表面每1cm处进行切片(4个深度),砸碎,过40目筛,105℃干燥,取粉称重(2～3g),按1∶5(质量比)加入去离子水,浸泡24小时测试氯离子浓度(氯离子计,氯离子计PXL型,杭州)。

再碱化效果:垂直于表面切片,喷酚酞,观察钢筋周围是否变红。将电迁移处理后的试件与未处理的试件平行于表面每1cm切片(4个深度),砸碎,过40目筛,105℃干燥,取粉称重(2～3g),按1∶5(质量比)加入去离子水,浸泡24小时,测试pH值(pH计,Journallab)。

电化学性质:经过去极化后的混凝土样块,在1mol/L NaCl中浸渍12天后进行电化学测试。测试装置采用图6.17,以饱和甘汞电极为参比电极(RE),以钢筋为工作电极(WE),以玻碳电极为对电极(CE)。电化学工作站是荷兰Ivium Technologies BV公司的Vertex电化学工作站。测试开路电位和电化学阻抗谱,测试条件为测试幅频范

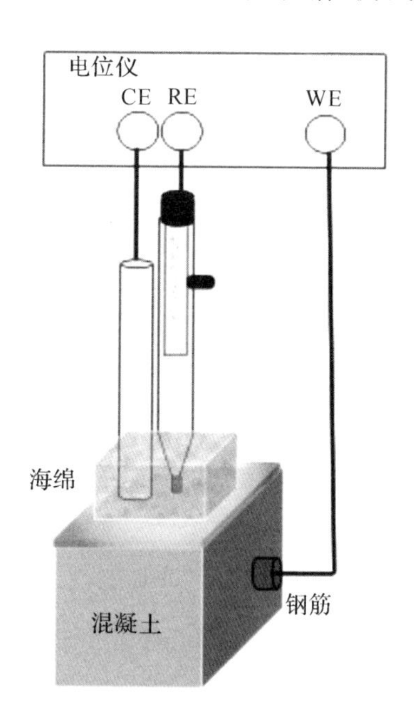

图6.17 钢筋混凝土试件电化学性质测试装置

围 0.01～300000Hz；频幅为 0.01V。采用 Zview 软件对等效电路元件进行拟合。

6.2.2　阻锈效果的评价与讨论

(1)除氯离子效率

从剩余氯盐含量(图 6.18、图 6.19)中可以发现，与未处理的控制组样块相比，经过电迁移处理后，各个深度的氯离子含量明显下降。从各个材料的处理效果来看，未碳化试件中，距离表面深度 2.5cm 之前，有机硅季铵盐(SQAS)的除氯效果较为明显，碳酸胍(guandian carbonate)的除氯效果相对较差。碳化试件中，则可以看出有机硅季铵盐的除氯效果不太明显。这可能是由于有机硅季铵盐电迁移处理时需要的电压较大，在通电过程中出现电压不断增大到超过电机电压范围的情况，使得通电情况不稳并改变通电电流密度，对离子迁移产生影响，也可能是因为有机硅季铵盐的水解，在通电过程中改变混凝土的孔径或者混凝土孔隙的表面性质。此外，综合来看，在通电 30 天的情况下，在钢筋附近(深

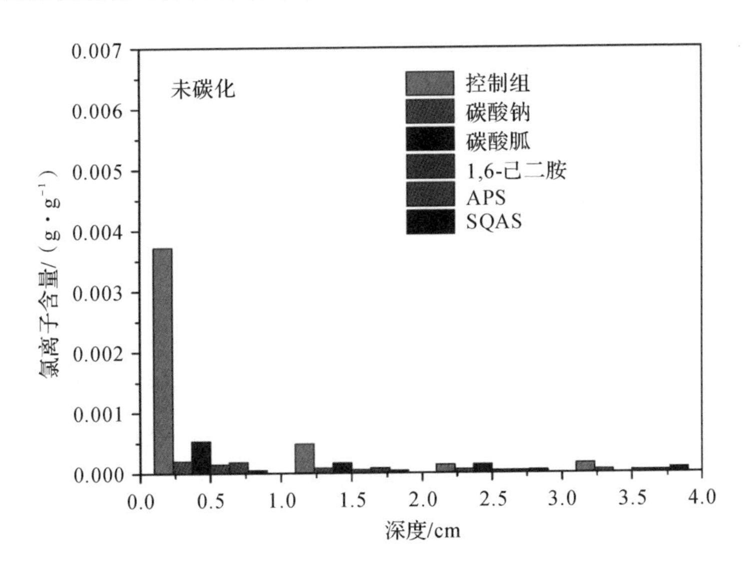

图 6.18　未碳化试件电迁移处理后各个深度的氯含量

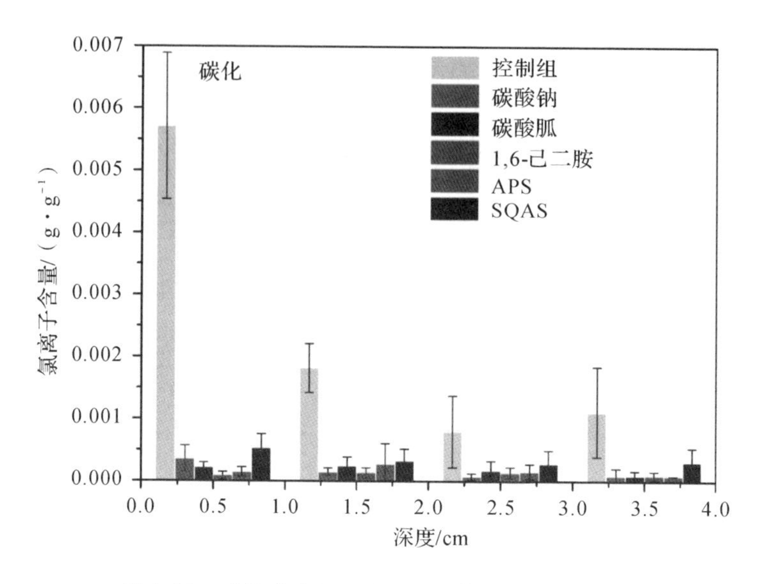

图 6.19 碳化试件电迁移处理后各个深度的氯含量

度 3.5cm),氯离子含量都下降至接近零的水平,显著减少了钢筋附近的氯离子含量。

(2)再碱化效果

电迁移处理过程中,阴极会产生氢氧根离子,这样可以恢复钢筋附近的碱性,同时,若电解液为碱性,渗透进入混凝土试件也会提高混凝土的碱性。从混凝土试块切片喷洒酚酞溶液来看,原本碳化处理的试件控制组仅在表面 1～1.5cm 左右碳化,从 pH 值中也可以看出,表面的 pH 值在 8 左右。经过电迁移处理以后切片的显色情况可以看出,再碱化效果最为明显的是碳酸钠(sodium carbonate)和碳酸胍(guanidine carbonate),其次为有机硅季铵盐(SQAS)、氨基硅烷(APS)和 1,6-己二胺(1,6-hexylenediamine)的碱性恢复效果则仅限于表面和钢筋附近。从 pH 值的测量情况中也可以看出近似的结论,而有机硅季铵盐处理后的试件 pH 值整体上都上升明显,达到与碳酸钠和碳酸胍的同一水平。有机硅季铵盐本身为酸性,所以其碱性提升都来自与阴极反应生成的氢氧根离子。由此可推测,胺类的氨基硅烷和 1,6-己二胺可能与电极反应生成的氢氧根离子继续反应生成一水合胺或者放出氨气,使得 pH 值变化减小。试件电迁移处理后在切面喷酚酞溶液的显色情况见图 6.20。各试件电迁移处理后各个深度的 pH 值见图 6.21。

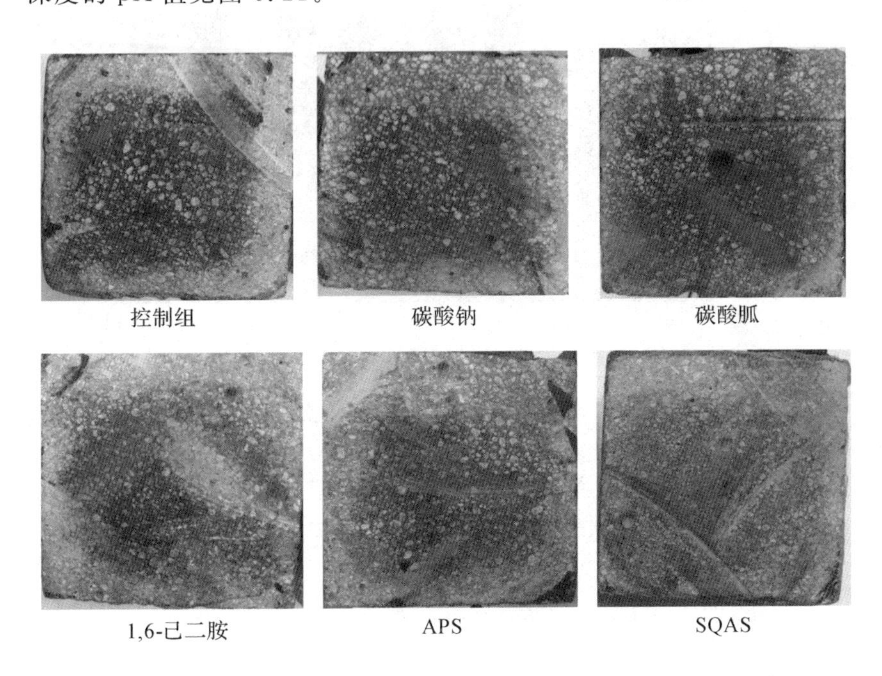

图 6.20　试件电迁移处理后在切面喷酚酞溶液的显色情况

(3)电化学性质

为方便表示,分别用字母表示下列物质:A(烷基硅烷),B(碳酸钠),G(碳酸胍),J(1,6-己二胺),Y(有机硅季铵盐),并用控制组表示未加任何电渗材料的对照组。

根据表 6.10 所示的电迁移处理后的开路电位可以看出,在电化学处理后,相对于控制组,其他几个材料处理的钢筋混凝土试块的开路电位均有所上升。几种材料中,碳酸胍在未碳化和碳化试件中的开路电位的提高相对明显。

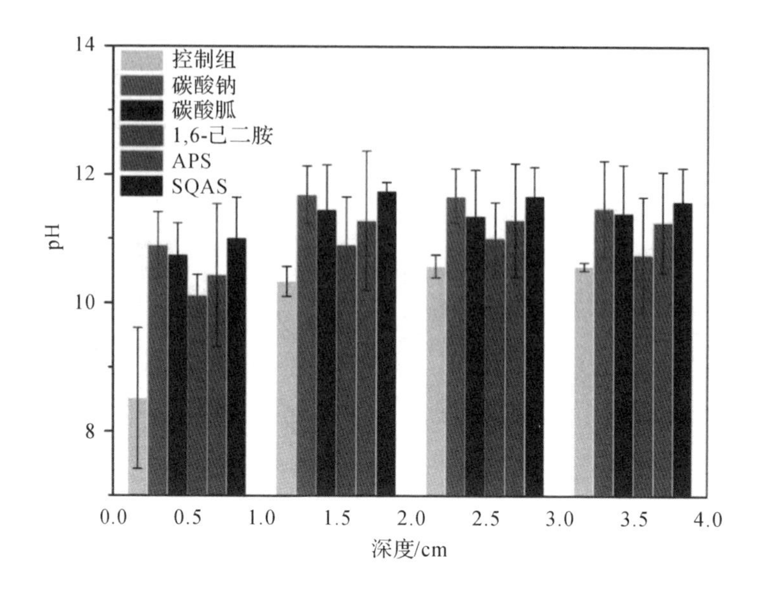

图 6.21　各试件电迁移处理后各个深度的 pH 值

表 6.10　电迁移处理后的开路电位

E/mV	控制组	碳酸钠	碳酸胍	1,6-己二胺	APS	SQAS
未碳化	−588.33	−193.18	−140.46	−243.30	−437.43	−267.75
碳化	−543.59	−440.40	−365.41	−424.92	−390.76	−427.36

从图 6.22(a)和图 6.23(a)中，阻抗谱 Nyquist 图的容抗弧的大小和图 6.22(b)与图 6.23(b)中阻抗|Z|值的大小可以定性看出，未加入任何电迁移材料的对照组的电阻最小，此时最容易受到腐蚀，加入各种电迁移材料使得钢筋混凝土样块整体的阻抗值增大，其中有机硅季铵盐的阻抗值最大，碳酸钠的阻抗值最小。混凝土部分的阻抗与钢筋本身阻抗的具体值，还需要采用表 6.11 所示的电路图对阻抗谱数据进行拟合，拟合结果在表 6.12 中列出。

表 6.11　电化学阻抗谱电路图中电路元件的物理意义

符号	含义
R_1	溶液电阻
R_2	混凝土保护层电阻
R_3	钢筋膜层电阻
R_4	钢筋表面双电层转移电阻
CPE_1	常相位角元件，由混凝土固/液界面电容 C_1 和弥散指数 n_1 组成
CPE_2	常相位角元件，由混凝土内微孔界面电容 C_2 和弥散指数 n_2 组成
CPE_3	常相位角元件，由钢筋表面膜层电容 C_3 和弥散指数 n_3 组成

注：钢筋混凝土样块电化学阻抗谱数据拟合采用的等效电路图

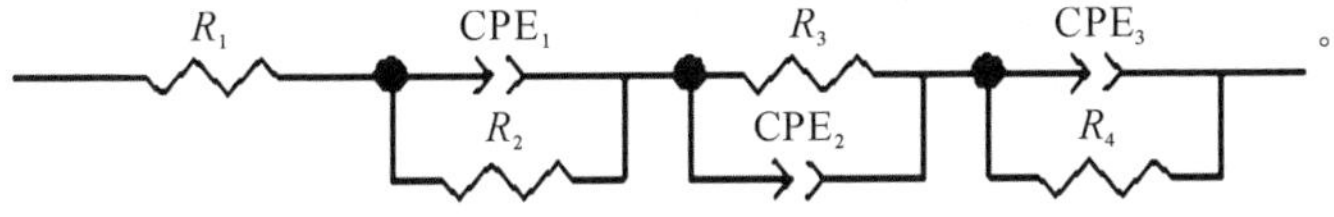

。

表 6.12　碳化组和未碳化组的钢筋混凝土试件的电化学阻抗谱拟合参数

组别		R_2 /(Ω·cm²)	R_3 /(Ω·cm²)	R_4 /(Ω·cm²)	C_1 /(F·cm⁻²)	C_2 /(F·cm⁻²)	C_3 /(F·cm⁻²)
未碳化组	对照组	7007	3457	1.58×10^{5}	3.63×10^{-12}	8.88×10^{-5}	1.41×10^{-3}
	碳酸钠	7129	874	1.00×10^{16}	2.05×10^{-12}	4.69×10^{-5}	1.28×10^{-3}
	氨基硅烷	8189	2044	1.59×10^{10}	2.76×10^{-12}	3.46×10^{-5}	1.72×10^{-3}
	碳酸胍	8444	1902	2.69×10^{7}	1.91×10^{-12}	6.58×10^{-5}	6.24×10^{-4}
	1,6-己二胺	8900	2009	3.08×10^{12}	1.82×10^{-12}	5.13×10^{-5}	8.98×10^{-4}
	有机硅季铵盐	20248	5056	3.71×10^{11}	1.42×10^{-12}	6.87×10^{-6}	1.47×10^{-3}

续表

组别		R_2 /(Ω·cm²)	R_3 /(Ω·cm²)	R_4 /(Ω·cm²)	C_1 /(F·cm^{-2})	C_2 /(F·cm^{-2})	C_3 /(F·cm^{-2})
碳化组	对照组	2967	212.9	10423	1.01×10^{-11}	2.62×10^{-6}	1.19×10^{-3}
	碳酸钠	3861	1528	8737	1.89×10^{-12}	1.57×10^{-5}	2.38×10^{-3}
	氨基硅烷	12117	1658	64455.5	2.42×10^{-12}	4.32×10^{-6}	1.48×10^{-3}
	碳酸胍	6416	417	13315	1.60×10^{-12}	2.47×10^{-5}	1.37×10^{-3}
	1,6-己二胺	7435	588	1.05×10^{5}	1.62×10^{-12}	7.06×10^{-6}	1.89×10^{-3}
	有机硅季铵盐	13013	6257	366870	3.34×10^{-12}	4.91×10^{-6}	7.35×10^{-4}

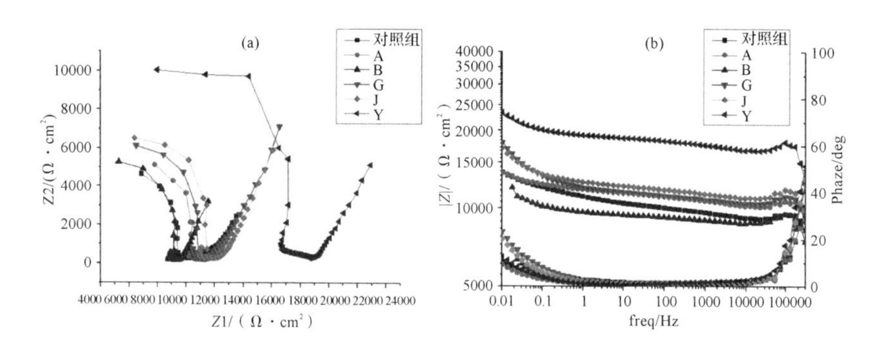

图 6.22　未碳化组混凝土电化学阻抗谱的 Nyquist 图和 Bode 图

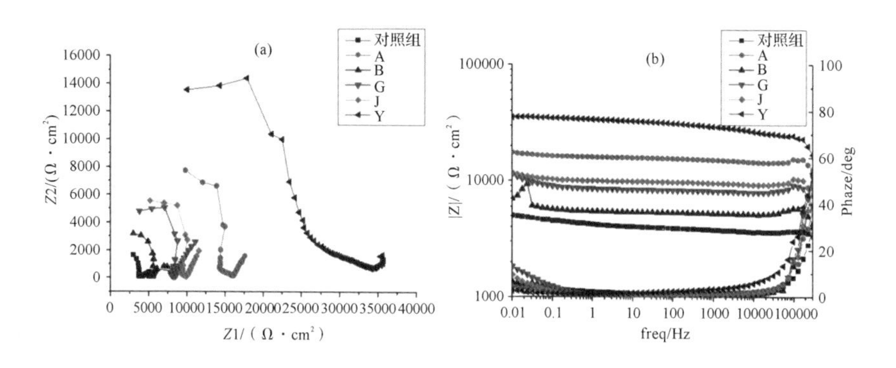

图 6.23　碳化组混凝土电化学阻抗谱的 Nyquist 图和 Bode 图

从图 6.22(a)的容抗弧大小和图 6.22(b)$|Z|$值的大小，以及表 6.12 中的拟合结果可以看出，对于未经过碳化的钢筋混凝土样块，和空白对照组相比，四种阻锈剂增加了混凝土的电阻值，混凝土的电容值明显下降，使得钢筋混凝土样块更难被腐蚀，起到了阻锈效果。其中，有机硅季铵盐的效果最好，相对于空白对照组，有机硅季铵盐增加的电阻值最多。

从图 6.23(a)和表 6.12 可以看出，有机硅季铵盐和氨基硅烷的加入使得混凝土保护层电阻大幅增大，相比起未处理试件和碳酸钠的再碱化试件，加入碳酸胍和 1,6-己二胺有利于提高电阻。从图 6.22(a)和图 6.23(a)中可以看出，电化学处理后，第三时间常数容抗弧均有增大，表示电阻增大。从电化学阻抗谱的数据可以看出，对于经碳化的钢筋混凝土样块效果，几种阻锈剂增加双电层电阻的效果明显。从拟合结果可以推测，R_2 和 R_3 与混凝土性质密切相关，阻锈剂在钢筋混凝土中的保护机理，不只是使电迁移阻锈剂进到钢筋附近，也有增加混凝土电阻的作用。

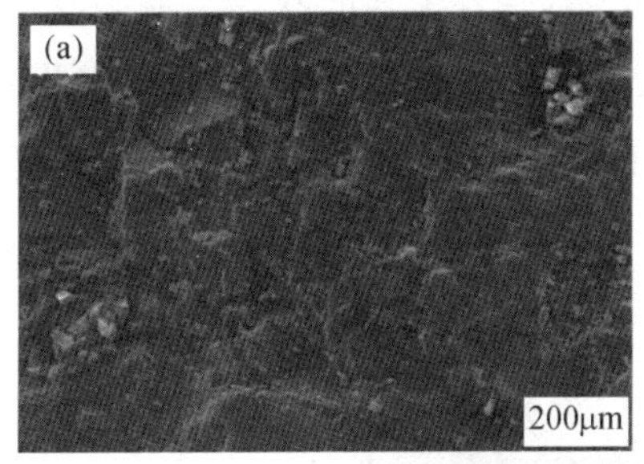

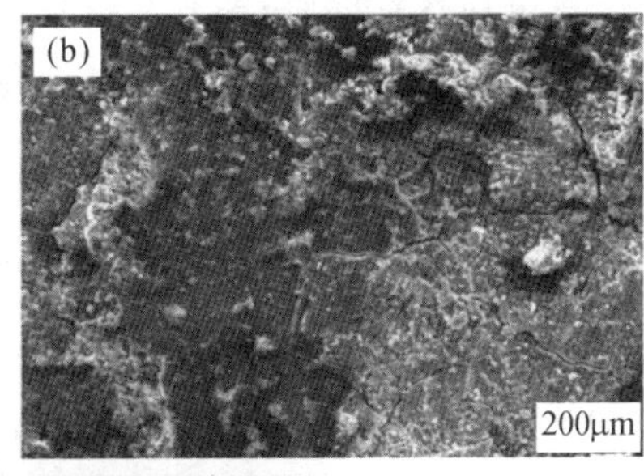

图 6.24　电迁移后表面形貌的扫描电子显微镜观察。(a)未处理混凝土试件表面；(b)氨基硅烷电迁移处理后的试件表面；(c)有机硅季铵盐电迁移处理后的试件表面

从试件的扫描电子显微镜图片(图 6.24)可以看到,未经处理的电迁移表面有较多起伏,呈连接的块状物质。用氨基硅烷与有机硅季铵盐处理后,表面有了明显的膜状物质,有机硅季铵盐的膜较为致密,而氨基硅烷膜的厚薄不均匀。这也可能是氨基硅烷和有机硅季铵盐处理后混凝土电阻得到提高的原因。

6.2.3 小 结

新型多功能电迁移型阻锈剂在电迁移处理后,对钢筋混凝土整体耐久性提升效果进行了评价。该评价包括了各种阻锈剂的除氯效果、再碱化效果,以及对电化学性质的影响。可以发现,选用的阻锈剂均可以有效地降低氯离子含量,其中综合来看,1,6-己二胺在碳化和未碳化试件中都明显降低了氯离子含量,而有机硅季铵盐则表现不稳,在碳化后的混凝土中其除氯效率低于其他阻锈剂。在提高碱性效率方面,所有阻锈剂经过电迁移处理后,都有效地提高了碱性,其中胍的效果接近于纯电化学再碱化处理。此外,有机硅季铵盐也具有很好地恢复碱性的效果,而胺类的氨基硅烷和 1,6-己二胺的再碱化效率相对较低。在电化学性质方面,在碳化组和未碳化组中得到的共性结果是阻锈剂均可以有效地使电位向正方向移动。此外,电化学阻抗谱的 Nyquist 图中第一时间常数的容抗弧和拟合结果都显示,阻锈剂可以提高混凝土部分的电阻,其中有机硅季铵盐和氨基硅烷尤为明显,从表面形态观察中可以发现,氨基硅烷和有机硅季铵盐会在表面结膜,这可能是它们能提高阻抗的原因。

另外,阻锈剂对碳化后的混凝土电阻值提高明显,可能与阻锈剂的通入量有关。因此,还需要测量电迁移处理后混凝土中阻锈剂的含有量,也需要研究阻锈剂渗入后混凝土的微观结构和阻锈剂在钢筋表面的吸附机理。

6.3　阻锈剂对混凝土的影响

从电化学迁移处理实验的阻抗谱评价中可以看出，即使是小分子的阻锈剂，也会对混凝土的性能产生不小的影响。但目前，多数研究都关注阻锈剂对钢筋产生的效果，而阻锈剂对混凝土的影响一直被关注得较少。已有研究指出，阻锈剂不仅可以对钢筋起到保护作用，也会改变混凝土的性质。Lorenzo Fedrizz 对涂刷醇胺型阻锈剂砂浆的孔隙率进行了测试，发现涂刷阻锈剂的样块孔隙率降低，电阻率增高[176]。郭星星发现表面涂敷氨基酮阻锈剂的浓度增加，吸水率随之下降[184]。王晓彤等认为氨基醇类阻锈剂一方面渗透至钢筋表面形成保护膜，另一方面通过和混凝土反应生成沉淀，提高混凝土的密实度，共同起到降低钢筋腐蚀速率的作用[185]。而有研究发现，与碳化混凝土相比，未碳化的混凝土渗透效率降低。

这都说明阻锈剂可能会改变混凝土的性质，而大多数研究中的阻锈材料对混凝土的影响目前都尚未被探讨。我们将专注于探讨阻锈剂对混凝土耐久性提升的效果。混凝土的耐久性主要为：抗氯离子性、抗碳化、抗水性、抗冻融等几个方面。此外，作为文物使用方面，还需要考虑材料涂敷后其对外观的影响。

6.3.1　实验方法

(1)混凝土样块的制备与处理

制作的混凝土样品水灰比为 0.55，水泥和砂的比为 1∶1.86，使用的模具规格为 50mm×50mm×50mm。所使用的原材料与 6.2 中类似。待水泥凝固后将其从模具中取出，在自制的湿度箱中养护 28 天，取出后自然放置 1 个月。系列实验设置 2 个碳化程度：未碳化(0)，碳化 20 天(C)，其中未碳化组和碳化 20 天组使用同一批制作的样品。碳化 20 天组提前将样品干燥后放入碳化箱加速碳化。

(2)阻锈剂的浸渍与涂敷

所选用的阻锈剂材料与6.2中的材料一致。

配备碳酸胍、1,6-己二胺和氨基硅烷的阻锈剂溶液,阻锈剂与水的比例为1∶10,分别将它们倒入三个容器。将干燥后的水泥试块按照对应的阻锈剂编号放入阻锈材料中浸泡,溶液高度刚刚没过试块即可。浸泡24小时后取出,用纱布擦拭表面液体,将其置于实验架上。由于有机硅季铵盐分子量较大且在水溶剂中容易水解,因此,处理方式与其他阻锈材料不同。用乙醇和水混合配制溶剂,体积比为8∶2,以0.2mol/L的浓度制作阻锈剂溶液,制备出的材料呈白色乳膏状。用棉签蘸取该材料后涂抹在水泥样块表面,随后将样块放入烘箱加快其吸收速度,待吸收完全后取出样块继续涂敷,直至样块表面不再吸收为止。用纱布擦去未被吸收的材料,将样块置于实验架上。

(3)评价项目与方法

阻锈剂吸附量:将测完色度、接触角的水泥试样放入烘箱,在65℃下干燥24小时以上,直至其重量不再发生变化。随后用电子秤进行称量,记录其吸涂敷阻锈材料之前的重量。将阻锈材料处理后的水泥样块放入烘箱中干燥24小时以上,直至水分除尽,用电子秤测量其重量,并记录数据。前后重量之差即为水泥试样对阻锈材料的吸附量。

外观变化:

色度:将制备好的水泥试块取出,干燥并冷却后测量涂敷阻锈剂之前的色度。用色度仪测量色度。由于每个面的色度可能略有差异,测量时选择其中一个面的五个点,并做好标记,记录下每个点的Lab值并取平均值。在阻锈剂涂敷以后再一次选择同一个面测量。

色度,指颜色的色度和饱和度,一般使用CIE-Lab颜色模型。Lab模型中,L表示亮度,a、b是色度坐标,分别表示红/绿及黄/蓝程度。不同物体对不同光波的反射率不同,呈现出不同的颜色。所有颜色都可以用L、a、b这三个数值表示,试样与标样的L、a、b之差,用ΔL、Δa、Δb表示。

ΔL 为正，说明试样比标样浅；为负，说明试样比标样深。

Δa 为正，说明试样比标样红（或少绿）；为负，说明试样比标样绿（或少红）。

Δb 为正，说明试样比标样黄（或少蓝）；为负，说明试样比标样蓝（或少黄）。

ΔE 表示总色差。色差计算公式为：

$$\Delta E=[(\Delta L)^2+(\Delta a)^2+(\Delta b)^2]^{0.5}$$

抗水性：

接触角：选择样块的一个面做好标记，取五个点，用接触角仪（接触角测量仪 KRUSS MSA）测量其表面接触角并做好记录。在固体水平平面上滴一滴液体，在气、液、固三相交点处作气－液界面的切线，此切线在液体一方与固－液交界线之间的夹角为 θ，这就是接触角，表示液体对表面的润湿程度。接触角越大，液体对表面的润湿程度越小，大致可以分为以下几种湿润情况。

1）当 $\theta=0$，完全润湿；

2）当 $\theta<90°$，部分润湿或润湿；

3）当 $\theta=90°$，是润湿与否的分界线；

4）当 $\theta>90°$，不润湿；

5）当 $\theta=180°$，完全不润湿。

毛细吸水：此次实验依旧使用第一批水泥试样，将用阻锈材料处理好的样块放入烘箱中干燥完全，并称净重。随后把所有样块放置在一个容器中，保持一定的距离。倒入去离子水，直至没过样块表面。分别在浸泡 0、0.5、1、2、4、8、12、24、48、72、96、120、144、168 小时……取出试块，称重并记录数据，直到试块质量基本达到稳定。称量时用纱布擦干试块表面，再将试块放到电子秤上。

抗碳化性能：将混凝土样块置于烘箱中彻底干燥，按上述步骤涂敷阻锈材料，将试块静置于实验架上。将样块 4 个侧面裹上石蜡，只留上下两面使二氧化碳正常通过。由于孔隙中的水分不利于扩散二氧化碳，碳化前先将水泥试块在65℃下干燥12～24小时，直至其质量不再发生变化。随后将其放入碳化箱中，使未施蜡的两面暴露在CO_2气体中，在温度45℃、湿度70％、二氧化碳浓度20％的条件下进行加速碳化实验。在碳化时长分别为4天、10天时取出水泥试块，于空白面的一侧约1/4的位置进行切割操作。对切下来的部分喷洒酚酞溶液，由于酚酞遇到碱性物质会变红色，未变色的部分即已发生碳化，在两侧的碳化部分各取五个点，用游标卡尺测量测试点深度并记录数据，计算其平均碳化深度。将其余部分裹上石蜡，继续将试块放入碳化箱中进行碳化。

6.3.2　结果与讨论

(1)吸附量

从图6.25来看，碳化的水泥试样中，保护材料的吸附率大大减小，碳化程度越高，水泥样块对阻锈剂的吸收效果越差，可能因为碳化形成的碳酸钙堵塞了内部孔隙，提高了水泥的密实度，致使吸收效果减弱，材料中碳酸胍(guanidine)受碳化的影响最大。在未碳化的混凝土试件

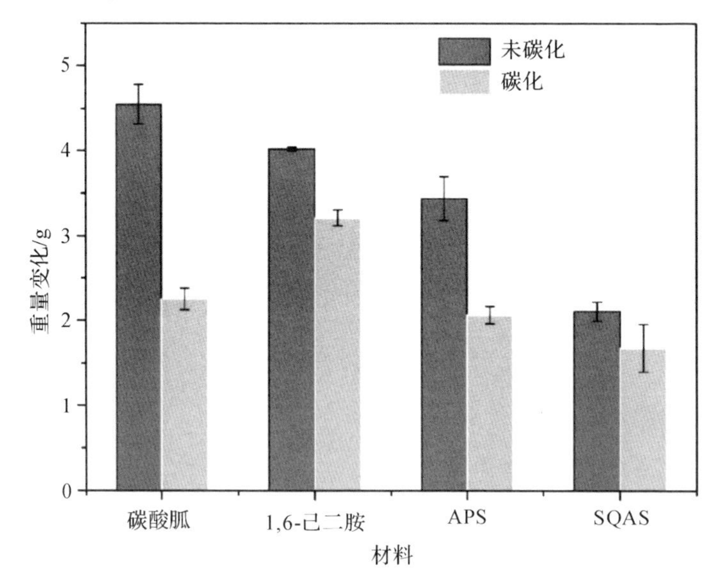

图6.25　碳化与未碳化试件的阻锈剂吸附量

中，氨基硅烷（APS）和有机硅烷（SQAS）的吸收量较低，这可能是因为其分子量较高，而且有机硅季铵盐为表面涂敷处理，渗透深度有限，使得渗透量较其他材料较少。

（2）外观变化

从图 6.26 中看出有机硅季铵盐涂敷后的试件表面明显偏暗。其余试件通过肉眼观察无明显的外观变化，这可能是因为有机硅季铵盐的涂敷成膜和溶剂中乙醇的存在减缓了水分蒸发。但从表 6.13 的色度值中可以看出，色度值 ΔL 在阻锈剂处理之后均有所下降，Δa 与 Δb 值均变化较小，尤其是有机硅季铵盐和氨基硅烷尤为明显。碳酸胍处理过的未碳化试件色差值 ΔE 较碳化试件高，这可能是由于在未碳化试件中吸附量较高。但所有试件为何在阻锈剂处理后明度（ΔL）均有所下降的原因还未明确。

由色差标准表来看，有机硅季铵盐、碳酸胍、氨基硅烷对未碳化的水泥样块颜色影响非常大，结合图 6.26，可以清晰地看到其对保护对象颜色的改变。文物保护原则要求保护处理前后，通常允许的色差需小于 5，有机硅季铵盐可能还需在使用后进行表面处理才可达到此要求。碳酸胍和氨基硅烷对碳化过后的水泥影响较未碳化的小，基本符合文物保护要求。对比的阻锈剂中对水泥色度影响最小的阻锈材料是 1,6-己二胺。

图 6.26　阻锈剂浸渍或涂敷完后的照片

表 6.13 阻锈剂处理完后色度值的变化

组别		碳酸胍	1,6-己二胺	APS	SQAS
未碳化	ΔL	−7.0	−1.2	−5.1	−19.6
	Δa	0.4	1.6	0.0	0.5
	Δb	0.5	−0.8	0.4	0.5
	ΔE	7.0	2.1	5.1	19.6
组别		碳酸胍	1,6-己二胺	APS	SQAS
碳化	ΔL	−2.2	−2.6	−4.7	−19.2
	Δa	0.9	0.3	0.5	1.2
	Δb	−0.4	0.2	0.2	0.2
	ΔE	2.5	2.7	4.7	19.2

(3)抗水性能

如图 6.27 所示,空白水泥试样的接触角较小,基本在 50°以下,同时可以发现,空白组碳化后样块的接触角要大于未碳化的,说明碳化过程降低孔隙率,在一定程度上能提高水泥的憎水性。施加保护材料之后,水泥的接触角都普遍有了提高,最显著的是氨基硅烷和有机硅季铵盐,接触角高达 120°,几乎不湿润。图 6.28 中,水滴基本无法渗入水泥内部,表现出优秀的憎水性。1,6-己二胺材料在碳化混凝土中也将接触角提高到 70°附近,但表现并不明显。

吸水率指物质在水中浸泡一定时间所增加的重量百分率,测试水泥样块的吸水率变化反映了水泥样块在不同保护材料和碳化深度下的耐水性,也在一定程度上可以反映水泥结构的信息。水泥初始质量为 m_1,某一时刻质量为 m_2,吸水率计算公式即为$(m_2-m_1)/m_1$。图 6.29分别为施加阻锈材料后,未碳化和碳化 20 天水泥试样的毛细吸水曲线。由图 6.29 可见,首先,碳化试样的饱水率均在 5%左右,未碳化的大约为 6%~7%,普遍比碳化试样高,说明碳化生成碳酸钙而堵塞孔隙,会提高水泥的抗水性。其次,用不同保护材料处理后的水泥试样的吸水速度不同,尤其是在前 12 小时,这一点在碳化和未碳化的水泥试样上均有体现，两者的吸水曲线上升趋势基本一致。阻锈剂氨基硅烷、1,6-己二胺、碳酸胍和空白组的吸水速率大致相同：首先急剧上升，很快达到近乎饱和的状态，随后非常缓慢地上升直至稳定，然而阻锈剂保护后的水泥试样吸水率比空白样略慢。有机硅季铵盐的吸水曲线和其他保护材料差异很大，一直保持较为缓慢而稳定的吸水速率，表现出较为优秀的防水性。

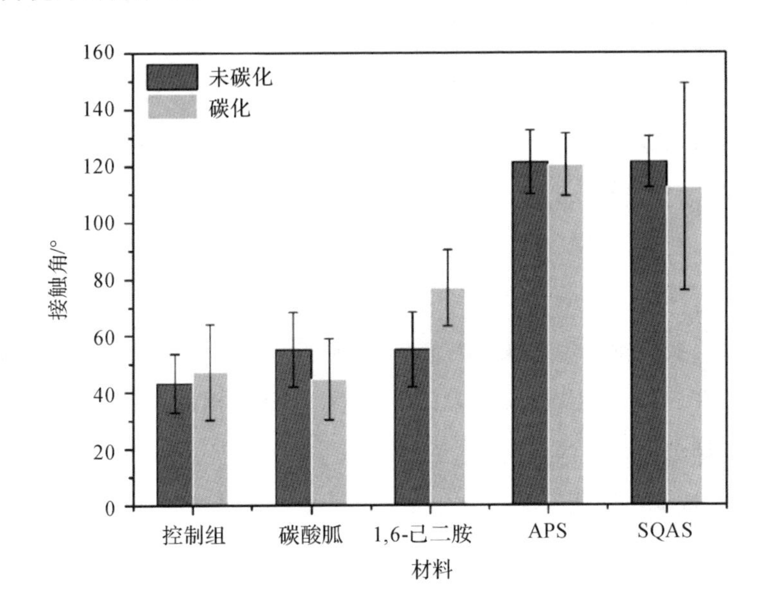

图 6.27　各试件的接触角值

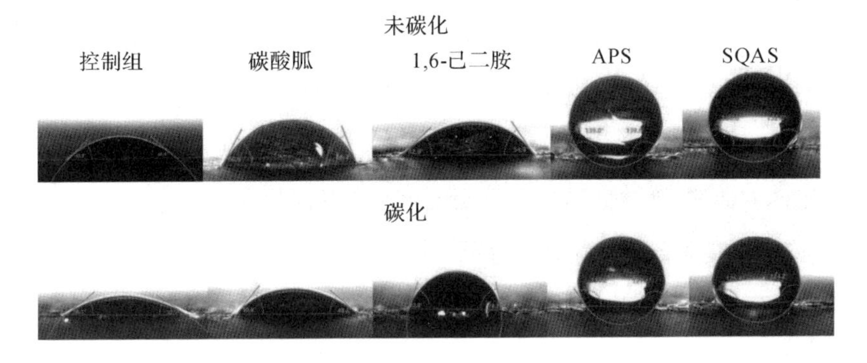

图 6.28　各试件的接触角图

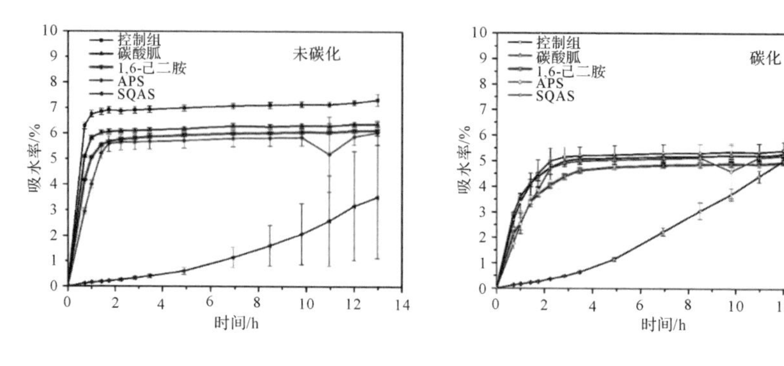

图 6.29　各试件吸水曲线

同时,我们可以发现未碳化的一组中,施加阻锈材料的水泥样块饱水率对比空白样有明显的下降,而碳化组中水泥试样的饱水率则相差无几。这可能是因为碳化试样对阻锈材料的吸收效果较差,由此,阻锈剂对试样吸水率的影响也会相应减弱一些。而氨基氧基硅烷材料在前文的接触角实验中表现出较强的憎水性,但在毛细吸水实验中的抗水性却不高。我们推测氨基硅烷可能只是附着于水泥表面形成一定的保护,但无法起到填充孔隙的作用。

(4)抗碳化性能

从图 6.30 与表 6.14 中可以看出,与空白对照组相比,加入阻锈剂的混凝土试件的碳化阻锈效率都有所下降,这可能是阻锈剂本身带有碱性,有维持碱性的效果;从吸水曲线的结果来看,也有可能是阻锈剂与混凝土中的物质发生反应,形成沉淀,改变了孔隙结构,或者提高了孔隙壁的憎水性,不利于水汽进入。此外,有机硅季铵盐与氨基硅烷在加速碳化 10 天后出现明显的增速,加速时间与碳化深度并不完全符合 Fick 第一定律的曲线,随时间增加会出现碳化速率提高的现象。

按照 Fick 第一定律推算混凝土碳化的理论模型:

$$H=K\sqrt{t}$$

H:碳化深度(mm);t:加速碳化时间(h);K:碳化速率系数。

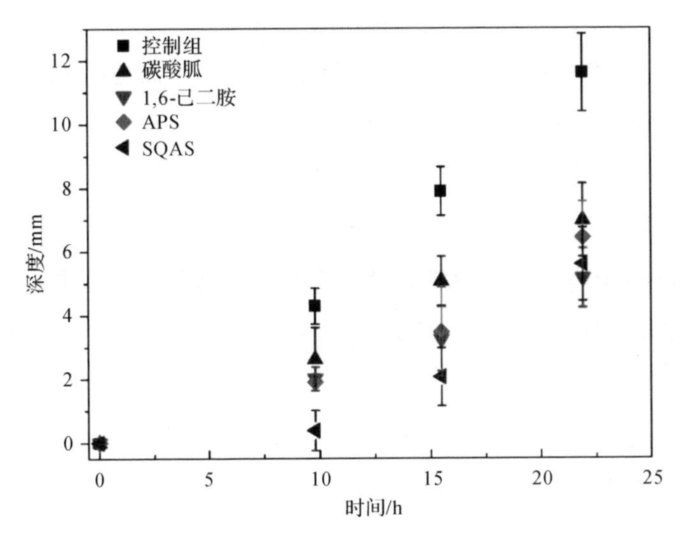

图 6.30　各试件的抗碳化性能

表 6.14　抗碳化性能比较

项目	空白对照	碳酸胍	1,6-己二胺	APS	SQAS
K	0.53	0.32	0.23	0.28	0.24

6.3.3　小　结

依据水泥碳化及阻锈剂研究现状，我们选择了四种阻锈材料，通过色度、接触角测量、毛细吸水、抗压强度测量、加速碳化等一系列实验，对这些材料进行各方面的分析比较，总结了每种材料的优劣性，下面是具体评价。

(1)氨丙基三乙氧基硅烷：吸收效果良好，会对水泥试样造成一定的色差，但在范围之内，抗碳化性较好。短期的防水性较强，但长期的防水性弱，可能对孔隙结构影响小。

(2)1,6-己二胺：吸收效果良好，对水泥色差影响较小，抗碳化性较好。

(3)碳酸胍：吸收效果较好，对水泥色差有一定的影响，抗水、抗碳化能力与其他几种材料相比没有优势。

(4)有机硅季铵盐:抗水、抗碳化能力都较为优秀,但对水泥色差影响很大,价格较为昂贵。同时,研究还证实碳化对水泥基本性能的影响,对素水泥而言,碳化后的水泥试样的防水性、抗压强度均有明显加强。然而,关于阻锈剂的保护效果与不同碳化程度之间的关系,本研究中并没有明显体现。关于阻锈剂与不同碳化程度之间的关系,在研究中我们可以看到,碳化程度越高,对阻锈剂的吸收效果越差,并且使得阻锈剂对试样色度的影响有所减小。然而,在接触角、色差值中并没有很明显地体现出与碳化程度相关。

这些研究结果证明了前文中的推论,阻锈剂均在一定程度上可以提高混凝土的耐久性,钢筋混凝土阻抗值的提高与抗水性的提高最为有关。此外,碳化试件吸附量减小,但可能在通电的情况下可以利用电场和低 pH 值来改善渗透和阻锈剂的迁移效率。

关于阻锈剂对其他耐久性性质影响的研究和探讨也是十分重要的内容。比如氯离子侵蚀与碳化都会对钢筋锈蚀产生很大的影响,如果能开发新的阻锈剂材料,不但能够进入水泥内部作用于钢筋,减缓或修复钢筋的锈蚀,而且能够通过改善水泥性能,特别是抗氯和抗碳化性,进一步减少钢筋腐蚀的可能性,对钢筋混凝土建筑遗产的维护以及整个文物保护事业的进步与发展都将产生重大意义。

第七章

保护处理对混凝土的影响

在本书第三章中已经介绍，混凝土的劣化多与水汽有关，防止水汽对混凝土产生不利影响是至关重要的。常见的硅酸盐类基底的防水材料主要为有机硅保护材料，包括有机硅树脂、硅烷浸渍剂、硅酸乙酯等。有机硅类保护剂与硅酸盐类材料（石材、黏土类、砖、混凝土）的成分接近，相容性好。但是这些材料用在石质文物、土遗址、城墙和水利工程的保护之中，也发现存在一些明显缺陷[186～190]。以砂岩为例，用硅酸乙酯作为加固剂，硅酸乙酯水解后为非晶态的二氧化硅，随着保护次数的增加，岩石表面的硅含量会逐渐增加，但结晶度逐渐降低，因此失去了原有组成与性质。有烷基的有机基团，在结构上带来的影响会更大。从外观上来看，有机硅树脂类由于岩石中湿气的影响，颜色会发生轻微的改变。例如，韦尔斯大教堂使用了烷氧基硅烷保护剂后变为暗灰色，经保护过的石材明显比临近的未受到保护的石材颜色深。因此，选择合适的加固材料时应进行充分评估，确认这些材料可以消除建筑遗产结构存在的隐患，并确保不损害建筑本体。根据目前的研究和现状调查来看，在钢筋混凝土历史建筑上所应用的保护材料，应具有：①透气性；②不改变外观；③抗水性；④渗透性；⑤加固性能；⑥耐久性；⑦施工便利性[191]。

为了对钢筋混凝土建筑保护材料进行评价，探索这些保护材料处理后对混凝土的影响，我们从众多的水泥保护材料中选取了 3 种，分别是有机硅乳液 SILRES® BS 4004（德国瓦克）、TEGOVAKON® V 100 和 SILRES® BS CRÈME C，通过系列实验研究对它们进行讨论。另外，无论是使用表面处理的保护材料，还是电化学保护方法，都可能对混凝土内部的微观结构产生影响，是否会引起钢筋混凝土结构耐久性的变化，也将在本章进行讨论。

7.1　保护材料对混凝土的影响

7.1.1　研究材料

(1)混凝土保护材料

SILRES® BS CRÈME®(下面简称 CRÈME C)：CRÈME C 是水性、无溶剂型、硅烷膏体防水剂。它是专用于普通混凝土和钢筋混凝土的优质防水剂。其为白色膏状，闪点 65℃，活性物约 80%。硅烷乳化而成的膏体以及凝胶状硅烷在顶面及立面施工。它具有更好的防水效果，不易挥发且施工方便，还可以减少硅烷的损耗量。已有报道显示了 CRÈME C 的处理效果好，可以在很大程度上延缓混凝土对氯和水的吸收，并具有良好的渗透深度、抗碳化性、抗冻融性能，而且对表面没有遗留明显痕迹[192,193]。但目前仍未对它的加固效果进行过充分研究。

TEGOVAKON® V 100(下面简称 TV100)：TV100 是一种以正硅酸乙酯和二辛基锡化合物二月硅酸锡为催化剂部分预聚合的基于硅酸酯的无溶剂单组分加固剂，无色透明，活性成分约为 98.5%。其广泛用于加固劣化的天然石材、脆性混凝土，以及弱化的接缝等，具有高渗透性，能够充分进入基材内部，提高对象的强度。文献中也提到该材料加固后被保护的表面会变白，析出非晶体的二氧化硅。因此，对该材料的适用范围和耐久性仍需要进行研究。

德国瓦克 SILRES® BS 4004(下面简称 BS 4004)：BS 4004 是一种水溶性、无溶剂乳液，以硅烷和硅氧烷混合物为活性成分(50%)。目前已有研究对这种材料在作为大理石、灰浆、木材、棉、陶瓷的底材时的保护效果做出了评估，发现它具有良好的防水性，但是它的耐久性以及加固效果都未被探讨[194]。

表 7.1 为保护材料与处理方法。

表 7.1 保护材料与处理方法

编号	产品名称	活性成分	性状	处理方法
C	CRÈME C	正异辛基三乙氧基硅烷 di/isooctyl-trimethoxysilane	白色膏状	不稀释。用棉签蘸取 CRÈME C(是膏状)涂抹在每个样块表面(涂抹所有面),直至样块表面不再吸收 CRÈME C 为止。用纱布擦去未被吸收的膏状物,将样块置于实验架上干燥
T	TEGOVAKON V 100	硅酸乙酯 tetraethylorthosilicate (TEOS)	无色液体	不稀释。置于原液中浸泡半个小时,到时间后用纱布擦干,将样块放于实验架上干燥
W	BS 4004	硅烷/硅氧烷 Silane / siloxane	白色乳液	原液与水 1∶5 混合后,置于混合液中浸泡半个小时,到时间后用纱布擦干,将样块放于实验架上干燥

7.1.2 实验过程与评价方法

(1)水泥样块的制作

将标准砂、水泥以及买来的石膏粉或者硫酸钙,按照水泥∶石膏∶标准砂∶水=52.5∶7.5∶150∶45 的质量配比称量好,加入 25%或 30%的水,使用大功率搅拌器充分搅拌过后,注入 5cm×5cm×5cm 的模具当中。然后,不停地朝地面震动模具,同时要换不同的方向,目的是赶走水泥浆中的气泡,再加入少量的水泥浆,用尺子沿着上表面将多余的水泥刮走,并且保证上表面的平整。反复进行上面的操作多次。

将放入水泥的模具放置 1 天后,将里面已经成型的水泥块取出,在上面铺上一层已经被水饱和的吸水纸，放入恒温室中进行养护（$T=22$℃，相对湿度 $RH=70\%$）。每天对样块的表面喷淋水，直到水泥样块的养护期结束。

(2)评价项目与方法

色度：色度的测量是用色度仪[（柯盛行（杭州）仪器有限公司 CR－10）]来测量的。将色度仪探头置于样块表面，即可得到反映色度的 L、a、b 值。色差主要是针对 2 组 L、a、b 值测量值的比较，这样可判断两者的接近程度。Lab 色差公式以其中一个为中心，然后给予另一个 L、a、b 的数值，则 $\Delta L=L_1-L_2$（明度差异），$\Delta a=a_1-a_2$（红/绿差异），$\Delta b=b_1-b_2$（黄/蓝差异）。色度差值 $E=\sqrt[2]{(L^*)^2+(a^*)^2+(b^*)^2}$。

接触角(°)：测量接触角的仪器是静滴接触角/界面张力测量仪。其操作过程如下。首先调整平台高度，使得样块表面能够反映在活动图像上，然后通过滴管（固定在仪器上）在样块的表面滴一滴水，在液滴接触样块表面后及时冻结图像，保存图片，再在图片上加入合适的基准线，选择量角法进行测量，量取角度显示测量尺，显示测量尺角度为 45°，然后使测量尺与液滴边缘相切，并且下移测量尺到液滴顶端，再旋转测量尺，使其与液滴左端相交，即得到接触角的数值。另外，也可以使测量尺与液滴右端相交，得出接触角，最后求两者的平均值。（当测量尺与液滴右端相交时，用 180°减去所见的数值方为正确的接触角数据）

抗压强度(MPa)：抗压强度指外力施压力时的强度极限，一般用万能压力实验机来测定，可以在电脑端得到样块的一系列力学强度数据。

渗透深度(cm)：在测完抗压强度之后（样块损坏严重），取其剖面测其渗透深度，具体方法是用滴管滴几滴水在剖面上，保护部分剖面的防水性强，水基本很难渗透，而未被保护剖面上凡是材料渗透到的地方，水很容易润湿，颜色变化明显，用直尺可以测出其渗透深度。

吸水率(%)：先测样块原本的质量，将样块放置在 105℃烘箱中 6 个小时，然后将其取出，测其质量（基本变化都非常大，含水分较多），再继续放置在此温度下 8 个小时，将其取出，测其质量(基本和上次测量的数据没有变化)。然后，把这些样块浸泡在冷水中 24 个小时，取出后用纱布擦干，测其质量(会有很大变化)，记录数据并根据公式算出每个样块的吸水率。然后进行沸水下的吸水率测量，前面步骤不变，只是在沸水中浸泡 6 个小时，然后将水倒掉，立刻开始测量样块的质量，记录数据，计算吸水率。

(3)循环破坏实验

循环前事先备好饱和硫酸钠溶液。将混凝土样块放入饱和硫酸钠溶液中浸泡 12 小时，然后用纱布擦干，放入－20℃的冰柜中，冷冻 4 个小时。接着再放入 60℃的烘箱中 4 个小时。然后放到紫外线老化箱中进行紫外线老化 2 个小时，这个过程中要在 1 个小时后将样块调换位置(这是由于紫外线箱内各个位置的照射强度有差异)。把样块取出，进行测量。和前文的测试方法一样，分别测出这些样块的接触角、色度和质量。测试完之后，用相机给这些混凝土样块拍照，记录它们的变化。测量完成后将它们放入饱和硫酸钠溶液中，继续进行破坏循环，共进行 48 天(使用阻锈剂进行 33 天)，中间不能间断。

在循环破坏实验期间，计算重量变化率 m。公式：$m=(m_f-m_i/m_i)\times100\%$[$m_i$(g)为循环实验前的质量，$m_f$(g)为破坏之后的质量]。此外，在所有的循环结束之后，再次测量样块的吸水率。

7.1.3 结果与讨论

(1)防水性

从图 7.1 所示接触角的结果中可以明显看出，BS 4004 保护的混凝土样块防水性是最好的，接触角平均值为 126°左右，水滴基本无法进入混凝土样块，展现出优秀的防水性。TV100 保护的样块效果其次，其接触角平均值约为 102°，也体现出了很好的防水性。至于 CRÈME C 保护的样块，它们的接触角虽然比其他 2 种保护材料的样块低一些，但在 90°左右，表现出较好的防水性。

吸水率反映了混凝土样块的耐水性。从图 7.2 可以看出，未被保护的样块的吸水率明显远远大于被保护的混凝土样块，说明 3 种保护材料对于混凝土的耐水性的提高是有效的。其中，CRÈME C 保护的样块的

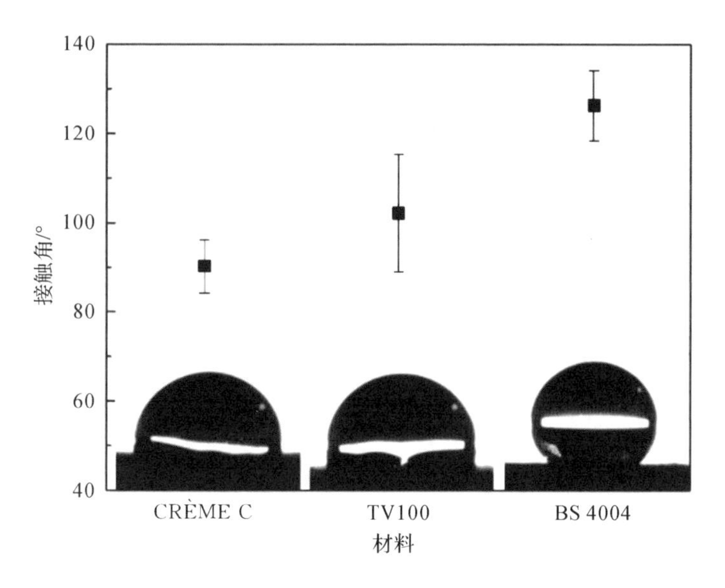

图 7.1　各保护材料处理后的接触角

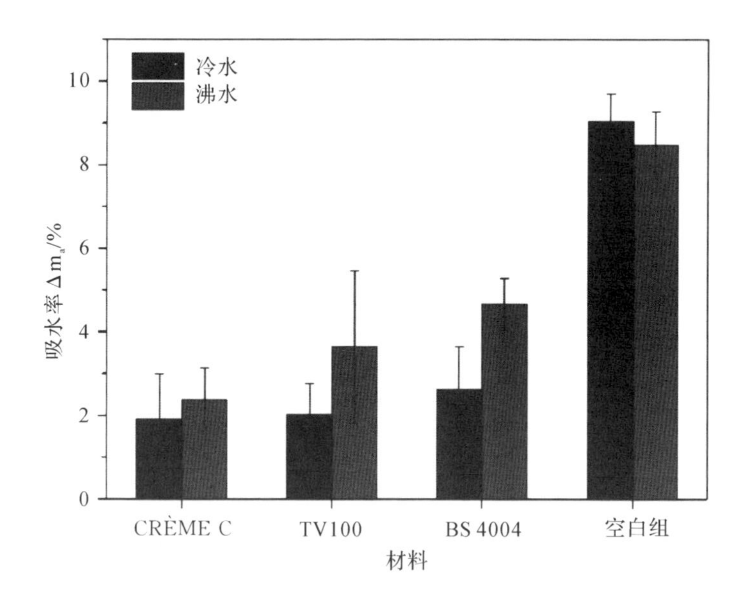

图 7.2　各保护材料处理后的吸水率

吸水率最低，其沸水下吸水率也很低，可见 CRÈME C 保护材料对耐水性提高是最好的。其次是 TV100 保护的样块，其吸水率比 BS 4004 材料保护的样块要低，相应的耐水性更好一些。T 样块和 W 样块在冷水下和沸水下测得的吸水率差异较大，都比 C 样块低。

(2)渗透深度

渗透深度是保护材料进入混凝土样品内部的深度，它和样块的其他性质是紧密联系的，像接触角的差异可以从渗透深度中反映出来。从表 7.2中所示测量的结果数据来看，CRÈME C 保护材料的渗透深度最深，可能与其是被涂抹在表面进而使其充分渗透有关。其次是 TV100 保护材料，其渗透深度一般，而 BS 4004 材料的渗透深度极小(只有浅浅的一层)，这两种保护材料的渗透方式都是浸泡，渗透深度的差异却这么大，可能与其材料本身及其保护的侧重点不同。

从上面接触角的结果来看，BS 4004 材料对混凝土防水性的提升很大，明显高于其他两种材料，而其渗透深度很小，所以可以认为 BS 4004 对混凝土的保护效果的侧重点在于表面。各保护材料的渗透深度情况见表 7.2 和图 7.3。

表 7.2　各保护材料在样块中渗透深度

保护材料种类	CRÈME C	TV100	BS 4004
渗透深度/cm	1.675	0.95	0.3

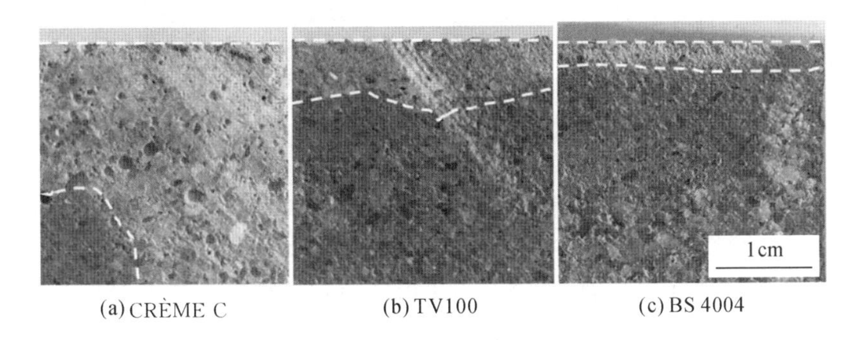

(a) CRÈME C　　(b) TV100　　(c) BS 4004

图 7.3　各保护材料的渗透深度

(3)提高强度

从图 7.4 抗压强度的测量结果来看,CRÈME C 对混凝土样块抗压强度的提高效果是很明显的,其平均抗压强度已达 36.08MPa,而空白样块的抗压强度平均值仅有 23.63MPa。同时,BS 4004 保护的样块和 TV100 保护的样块的抗压强度比较接近。T 样块的平均抗压强度较高,可至 30.82MPa,W 样块的平均抗压强度为 27.4MPa。由此可见,BS 4004 保护材料对混凝土的抗压强度方面的提高不是很明显,抗压强度平均值仅比空白样块高出 4MPa 左右。

从抗压强度方面来看,CRÈME C 保护的混凝土样块明显好于其他两种。结合上文 CRÈME C 的渗透深度最大,TV100 次之,可以推测抗压强度的提高与渗透深度有关。

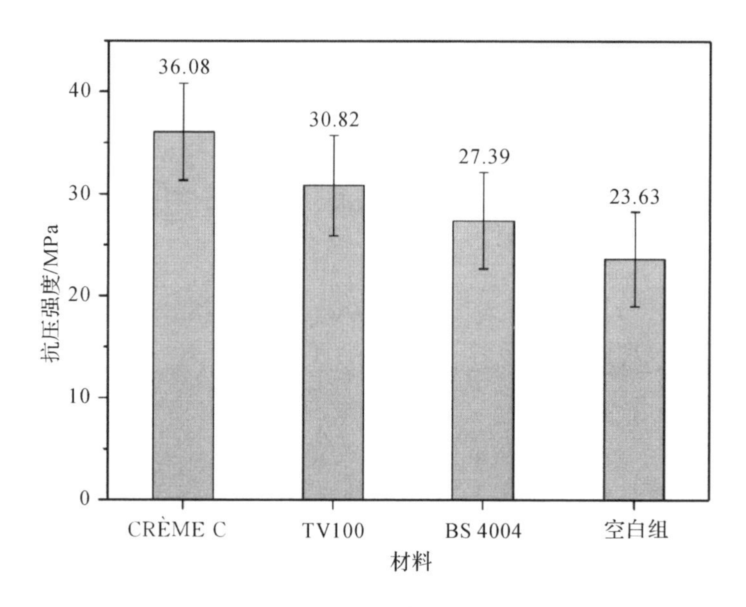

图 7.4 各保护材料的抗压强度

(4)微观结构的变化

从图 7.5 中可以看到,空白样块内部比较疏松,CRÈME C 保护剂可以有效填充一些空隙,因此使得样块的强度增加,但 BS 4004 并没有这样的效果。一般来说,高密实度意味着高机械强度,也有文献提到混凝土的防水性与孔隙结构有关[195]。此次 SEM 的观察结果与吸水率和抗压强度相符，CRÈME C 填充了孔隙，由此吸水率下降且抗压强度明显得到提高。

图 7.5　保护材料处理过的混凝土样块的 SEM 图像(抗压强度测量后的截断面)
(a:CRÈME C;b:TV 100;c:BS 4004;d:空白)

(5)循环破坏的结果

外观变化：保护材料浸渍前后的色差变化如表 7.3 中所示。在文物保护领域，通常认为保护前后文物本体的色差值应在 5 以内[194,196,197]。根据该标准，可以看出这些保护材料对混凝土表面外观的影响并不大，CRÈME C 与 BS 4004 的色差值尤其较小。

表 7.3　保护材料处理前后的色差变化

保护材料种类	CRÈME C	TV100	BS 4004
ΔE	1.8±0.7	4.4±0.9	1.2±1.1

将加速循环破坏前后的色差(ΔE)值与 L^*、a^*、b 比较可以看出，色差主要由明度的变化引起。TV100 涂敷的样块明度都有大幅度提高，

结合目视观察发现，样块表面有白色粉末析出，这应该是循环破坏中添加的硫酸钠，以及文献中提到的正硅酸乙酯分解而产生的二氧化硅。另外，破坏循环后的 BS 4004 破损严重，从肉眼可以看出与破坏前的色调、表面状态大不相同。

从图 7.6 循环破坏期间保护材料接触角的变化中可以看出，空白混凝土样块在 7 天左右已经无法测得接触角了，也就是说失去了防水性。BS 4004 保护的样块在前 25 天的时间内其接触角一直在降低，在 25 天左右突然无法测得接触角，这和其表面一层完全被破坏有关。CRÈME C 保护的样块和 TV100 保护的样块的接触角一直很大，变化较小，比较稳定，在经历破坏循环 48 天之后，仍有接触角，约为 90°。空白样块的接触角一直最小，C 样块的接触角比 T 样块大一些，差距极小，W 样块的接触角在前 10 天是最大的，在 10 天之后慢慢地比 C 样块和 T 样块要小。从图 7.7 中可以看出，样块在开始几天质量有上升，这是因为多孔的混凝土样块吸收了硫酸钠。空白样块质量下降最厉害，而 TV100 保护的样块在循环破坏的 48 天里基本没有变化，保存得很完好。CRÈME C 保护的样块在前期也基本没有变化，在 28 天左右开始有减少，表面有所损失。BS 4004 保护的样块在前期吸收较多的盐，质量有所增加(这一点和空白样块相同)，其表面很快被完全损坏，质量下降较快。结合循环破坏期间接触角的变化曲线可以看出，在 BS 4004 的接触角变为 0 后(25 天)，BS 4004 涂敷的材料与空白对照组的质量变化趋势几乎相同。可见 BS 4004 在这时已经失去了保护效力。

循环破坏后各保护材料的吸水率的结果从表 7.4 可见：BS 4004 保护过的材料的吸水率相对较大，接近空白对照组；而 CRÈME C 与 TV100 保护后的材料吸水率仍然较低，保持了混凝土试样的耐水性。图 7.8 为循环破坏后各保护材料的吸水率曲线，可以看出 BS 4004 在循环破坏前吸水速率极低，但失去防水表面后便没有了防水性，CRÈME C 在循环前后吸水曲线趋势几乎一致，一直保持较低的吸水速率，而从破坏前后吸水曲线的对比中可以发现，TV100 的吸水速率有所上升。由此看出，CRÈME C 最为有效地提高了混凝土的耐久性。

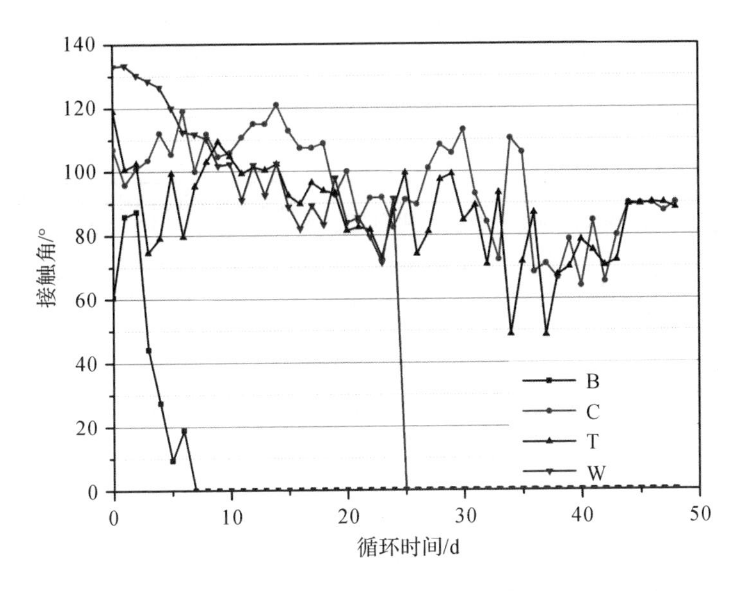

图 7.6　循环破坏期间保护材料接触角的变化
（C：CRÈME C；TV 100；W：BS 4004；B：空白组）

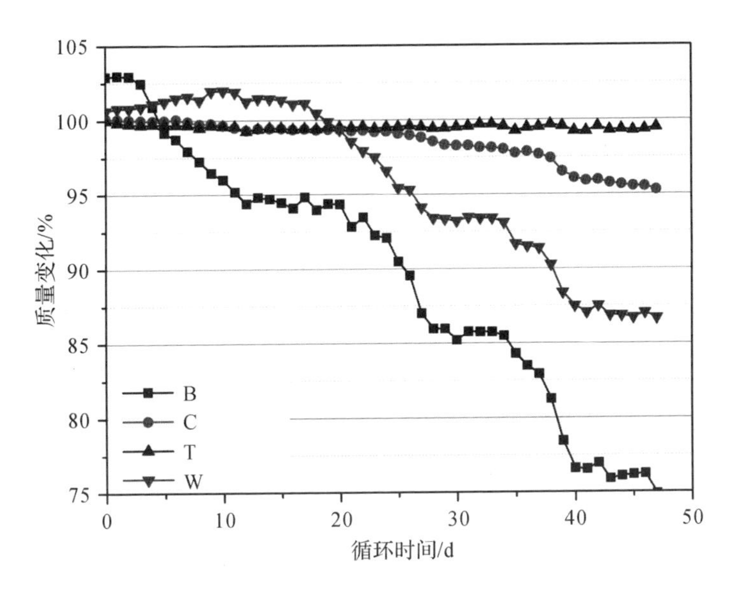

图 7.7　循环破坏期间的质量变化
（C：CRÈME C；TV 100；W：BS 4004；B：空白组）

表 7.4　循环破坏后各保护材料处理试块的吸水率

项目	CRÈME C	TV100	BS 4004	空白组
冷水中吸水率 m_a/%	0.85±0.25	2.34±1.78	4.36±1.23	5.90±0.35

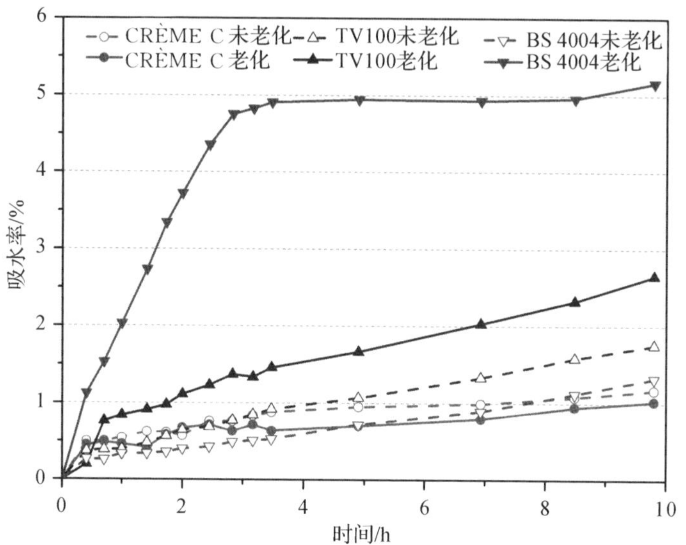

图 7.8　循环破坏后各保护材料的吸水率曲线

将循环破坏结束的试块与未经过破坏的在 1mol/L 的氯化钠溶液中浸渍 72 小时后进行切片。在切面处喷洒荧光素，则可以看出氯离子的渗透深度，从而评价保护材料的抗氯离子性能。从图 7.9 中可以看出，未经破坏的试件在表面处均有明显的界线。而在循环破坏之后，界面处则会增加白色颗粒，只有在破坏后的样块中出现，这说明盐分(主要为硫酸盐)在这里聚集。这也警示保护材料的使用可能会在混凝土内部生成亲水—疏水界面，在界面处盐分反复结晶膨胀会产生内应力，使得表面剥落。

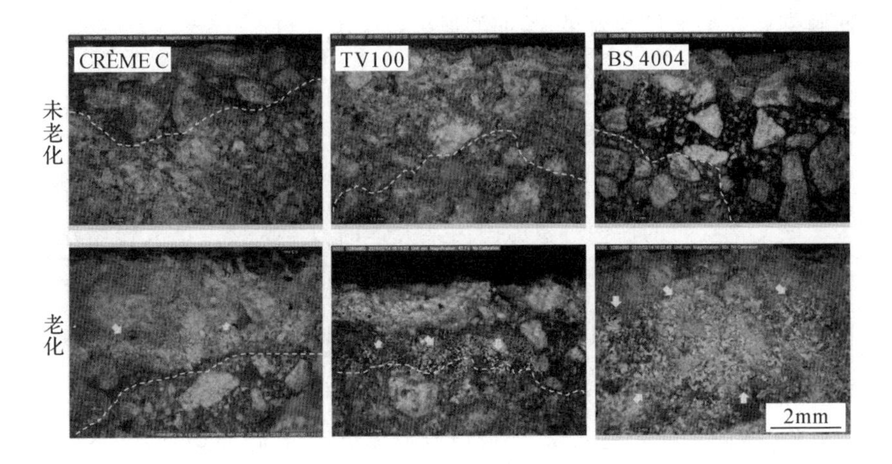

图 7.9　循环破坏后的样块界面

7.1.4　小　结

对三种有机硅保护材料进行各个方面的比较，综合来说，CRÈME C对混凝土的保护是最全面的。以下是对每种材料的具体评价。

CRÈME C：在混凝土中的渗透深度很大。对混凝土样块抗压强度和耐水性的提高是最好的，耐久性方面的提升并不突出，但很稳定，长期的保护性很好，有效填补孔隙。对混凝土表面色度和外观的影响相对较小，使用也非常便捷，可以作为钢筋混凝土建筑遗产保护材料的一个选择。

TV100：在混凝土中的渗透深度还不错，能在一定程度上提高抗压强度，有较好的防水性。在循环破坏中保存得最完好，质量变化率小，有效提高了混凝土的耐久性。但其容易使混凝土表面泛白，可能是分解为二氧化硅所致，对它的劣化因素和使用条件还需要做进一步的探讨。

BS 4004：保护混凝土样块的防水性得到巨大的提高。色度基本没有改变。但在混凝土中的渗透性较弱，使得强度没有得到明显的加强，在提高耐水性、抗压强度方面表现不是很好。从微观结构来看，孔隙也没有变得密实，防水性仅停留在表面，在循环破坏中表面容易起翘，在表面脱落后即失去保护效果，长期的保护效果不理想。

7.2 保护材料的案例

该案例针对的保护对象为国内某大学的教学大楼。该大楼始建于20世纪上半叶，引入西方古典式样，融合了中西建筑之长，是该大学早期建筑群中规模和体量最大的建筑。经历数十年的风雨历程，该建筑饱经沧桑，屋面残损、渗水，墙面开裂、脱落，结构龄期老化，给排水系统基本瘫痪，室内装饰面貌已改，楼地面残损不堪，门窗严重破损，基本处于无法正常使用的濒危状态。在该建筑的保护修缮中，通过清理、甄别、加固、复制等手段避免大拆、大建等过度干预。为了能保证此次修缮工程的长期有效，在修缮过程中使用的水泥砂浆和防护材料需要在实验室进行评估，综合评价其性能、保护效果和可能出现的问题。

在外墙修缮中，保留了一部分原始水泥砂浆，部分使用了新配制的修复砂浆，这两种砂浆本身的性质、耐久性的差异需要进行评估。此外，为提高墙面的耐久性，修复中使用SINO—2500全氟多功能石材防护剂（以下简称SINO—2500）。该材料的产品信息和简要的保护机理如下。

（1）防护剂概况

SINO—2500全氟多功能石材防护剂由氟碳树脂、硅氧烷、渗透剂、表面活性剂等组成。

适用范围：适用于任何吸收性建筑材料，如石材（花岗岩、大理石、石灰石、砂岩等），陶土烧制的砖、瓦、混凝土、水泥制品、石膏制品。

（2）氟碳材料的性质与保护机理

氟碳树脂中含有大量的C—F键。氟的电负性极强，使得氟碳材料没有永久偶极子存在，有强大的憎水性，完全不黏附于基底。由于其极强的电负性，氟可以与氧竞争，从而吸引电子等，可以通过去除负电荷来阻碍有机分子的氧化。

由产品说明可知，主要的有效成分为氟碳树脂和硅氧烷，已知该氟碳涂层抗水、抗氧化(光老化,即光照引起自由基与氧分子发生作用,进一步诱导光降解)性能较强;而硅氧烷能与硅酸盐基底结合,提供防水和加固的效果。因此,预期该材料能够有极强的防水功能且带有一定的加固效果。

结合该教学大楼建筑的情况,可以看出许多病害和建筑墙面的脱离都从底部开始,可能存在地下水中有可溶盐侵蚀的情况;另外,所在地区酸雨频繁,该材料以及墙面基底本身是否有耐酸性质都需要关注。

因此,根据当地环境现状,除了需要验证防护材料是否有效提高了两种基底材的耐水性、加固性能以及是否会对外观产生影响以外,还需要考虑在长期地下水和酸雨环境作用下的耐久性与可能出现的问题。

7.2.1　实验方法

7.2.1.1　样品的准备

实验用的基底材(图 7.10)为原始的砂浆和在修缮工程中使用的修复砂浆。

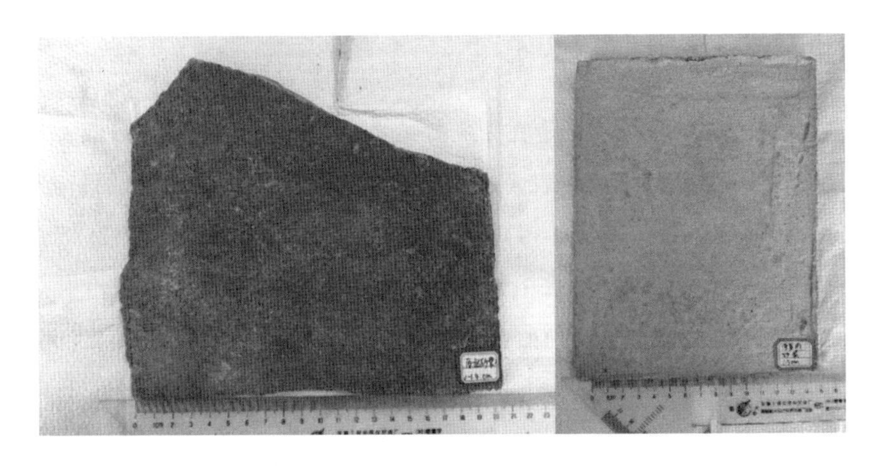

图 7.10　实验用的砂浆:原始墙面砂浆(左)和修复用砂浆(右)

清洗原始砂浆表面，将所有样块切割为 20mm×20mm×10mm 大小（实际切完后约为 17mm×17mm×10mm）。

7.2.1.2　检测项目

1. 原始砂浆成分分析：分析墙面本身制作材料的物相组成以及对表面深色污染物成分进行判断。

2. 外观变化：拍照对比试块在材料涂敷前后的变化。

3. 抗压强度：外力施压时的强度极限，测量仪器为 CMT5205 微机控制电子万能实验机。

4. 吸水率：取 4 块试块干燥、称重后，将涂敷面朝下，分别浸渍在去离子水中且低于水平面。液体浸没试块 5mm。每隔 10 分钟、30 分钟、1 小时、3 小时、8 小时、24 小时、48 小时、72 小时、97 小时、120 小时、146 小时、244 小时后测试质量，按 $w=(w_i-w_0)/w_0$ 计算吸水率。

5. 孔隙率：将试块砸碎至 10mm×5mm×2mm 以内的小块，总重 2～3g，105℃烘干 4 小时后测试。仪器型号为 AutoPore Ⅳ－9510；测试条件 0.10～60000.00psia；汞的相关参数为接触角 130.000°；表面张力 485.000dynes/cm。

6. 耐酸性：将试块浸泡在 0.05mol/L（pH＝1.25）的硫酸溶液中，溶液浸没试块 5mm 且低于液体表面。浸渍 0 天、3 天、7 天后进行表面观察，并测试接触角。

7. 耐候性：将试块浸泡在配制好的 10% Na_2SO_4 溶液。溶液浸没过试块 5mm 且低于液体表面。从试件开始放入溶液到浸泡过程结束的时间应为（12± 0.5）小时，风干的时间为 1 小时，冷冻（－20℃至－15℃）4 小时，在室温水中解冻 2 小时至室温，80℃烘干 4 小时后降温至室温（1 小时）后拍照记录外观变化并称重。循环测试 23 次。

7.2.2 测试结果

(1)建筑墙面上的原始砂浆物相组成

从X射线衍射的结果中(图7.11)可以看出,砂浆的主要成分除石英(SiO_2)外,还包含土类物质,如AlIbite(钠长石)、Miceocline(云母)等。这可能来源于表层的物质,也可能是制作时添加的。

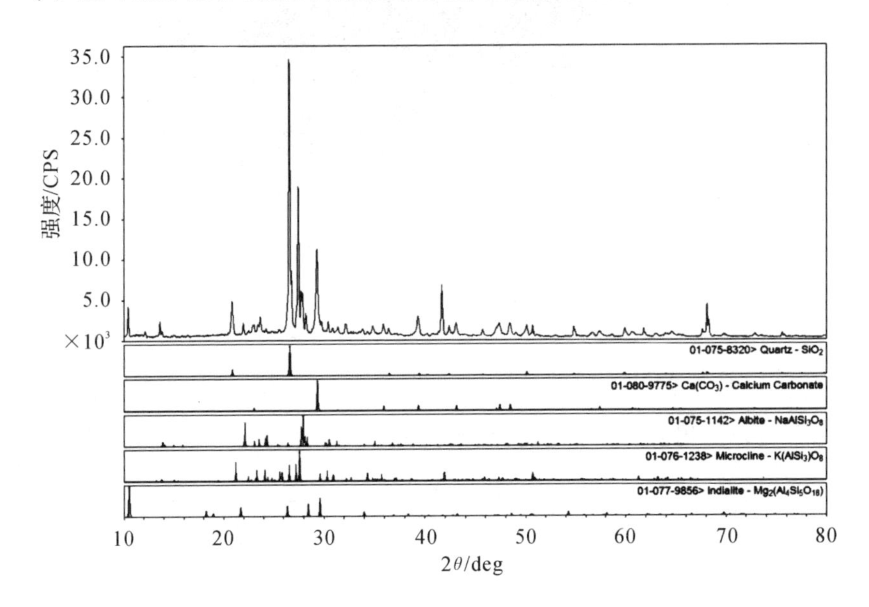

图7.11 原始砂浆的X射线衍射分析

(2)氟碳材料涂敷前后的外观变化

对样品的表面进行了三次涂敷,SINO—2500无色,略有气味,操作方便,渗透较快。从图7.12可以看出,SINO—2500并没有使外观产生明显的色差和炫光,说明SINO—2500材料不会对两种基底砂浆材料的外观造成明显的变化。

图 7.12 切割后备用的供试块(下排为涂敷后)

(3)抗压强度

抗压强度测试的结果(图 7.13)表明,修复砂浆的强度明显低于原始砂浆。涂敷 SINO—2500 后,砂浆的强度略有提升,但并未超出误差范围,可以看出对强度的提高并不明显。

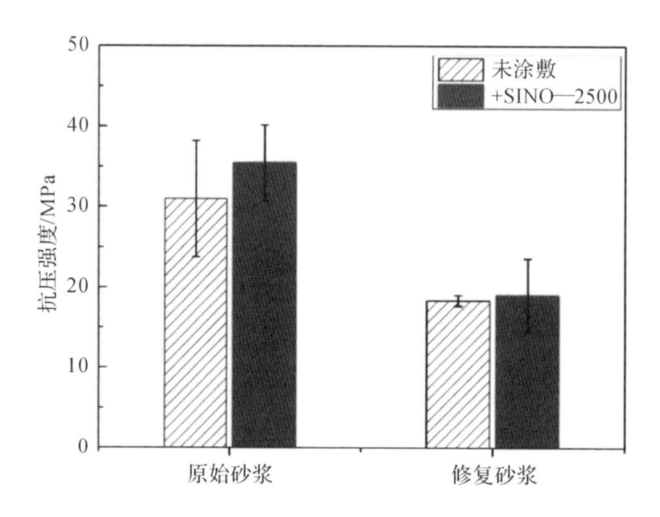

图 7.13 砂浆试块的抗压强度

(4)吸水率

将试块涂敷材料的一面浸渍在去离子水中,保持液面一定的高度并在不同的浸渍时间后进行称重。图 7.14 中显示，未涂敷保护材料的修复砂浆的吸水率要明显高于原始砂浆；涂敷后，吸水率明显下降，参照后文耐酸性实验中测试的接触角结果（均大于 120°）可证明该防护材有较好的防水性，而原始砂浆的吸水率仍比涂敷后的修复砂浆要慢。

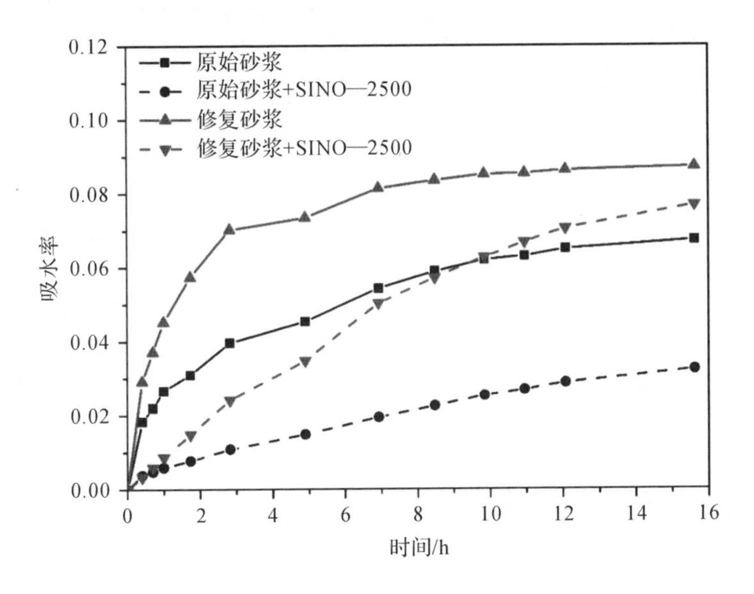

图 7.14　砂浆试块的吸水曲线

（5）孔隙率

从表 7.5 与图 7.15 的孔隙率值和孔隙分布中可以得出：修复砂浆的整体孔隙率高于原始砂浆，主要为 100nm 以下的孔隙所占比例大于原始砂浆 100nm 以下所占的比例，这可能是由于制作中使用的大颗粒骨料较少。涂敷 SINO—2500 材料后孔隙率并没有上升，原始砂浆涂敷后反而孔隙率略有下降，这可能是由于样品之间的误差造成的。孔隙率的结果也进一步与强度和耐久性相对应，整体孔隙率偏高的修复砂浆强度低于原始砂浆，并且涂敷前后强度变化不大。

表 7.5 砂浆的孔隙相关参数

类型	总面积/(m^2·g)	中值孔径/nm	平均孔径/nm	表观密度/(g·ml^{-1})	孔隙率/%
原始砂浆	12.98	110.9	21.1	2.43	14.27
原始砂浆+SINO—2500	11.26	134.3	26.3	2.40	15.12
修复砂浆	26.26	33.4	16.4	2.50	21.24
修复砂浆+SINO—2500	25.31	35.8	16.7	2.49	20.79

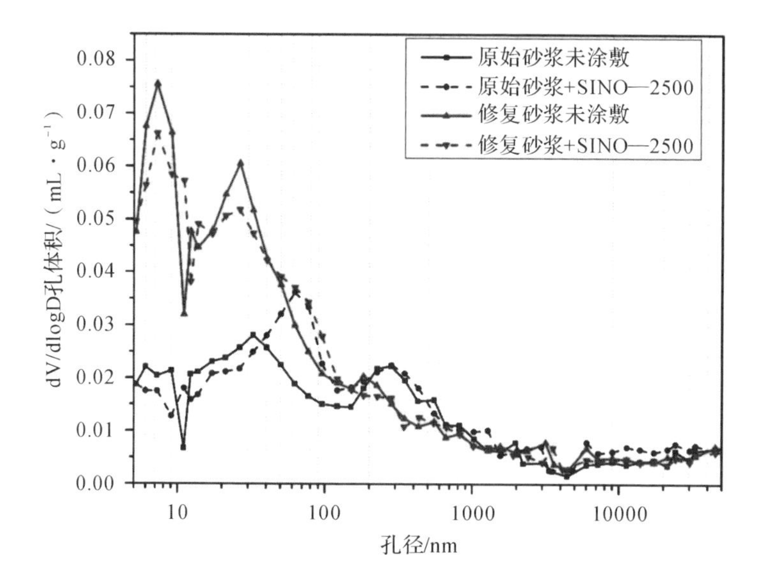

图 7.15 砂浆的孔隙分布图

(6)耐酸性

从图 7.16 中可以看出,在酸中浸渍后对涂敷 SINO—2500 和未涂敷的两种砂浆的表面均会产生影响,表面会出现泛白的情况。从图 7.17 和图 7.18 中可以看出,使用 SINO—2500 涂敷的原始砂浆表面在酸中浸渍 3 天后可以看见白色颗粒,在 SINO—2500 涂敷的修复砂浆表面上经过 3 天后就可看到明显的白色生成物。浸渍 7 天后,用 SINO—2500 涂敷的两种砂浆均可以看到白色生成物,而未涂敷防护材料的原始砂浆表面可以看到成片的白色生成物，推测可能为硫酸钙。

从图 7.19 中可以看出，随浸渍时间增长，接触角均有所下降。涂敷 SINO—2500 的修复砂浆表面在浸渍 3 天后，接触角大小降至与未涂敷修复砂浆相近，而原始砂浆表面接触角在浸渍 7 天后仍比未涂敷的表面接触角要大，可以保持一定的防水性。

图 7.16　浸渍 7 天后试块表面照片

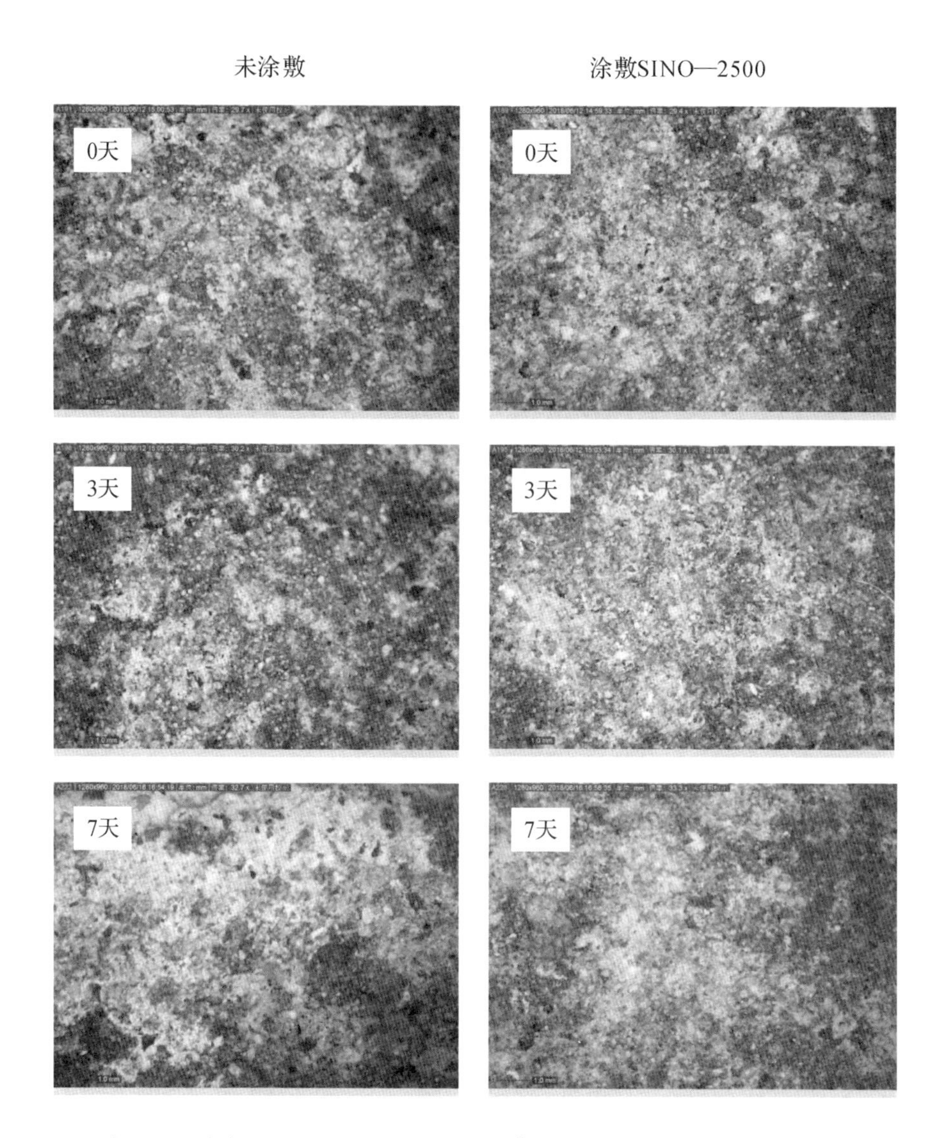

图 7.17 浸渍 0 天、3 天、7 天的原始砂浆表面观察照片(光学显微镜,30×)

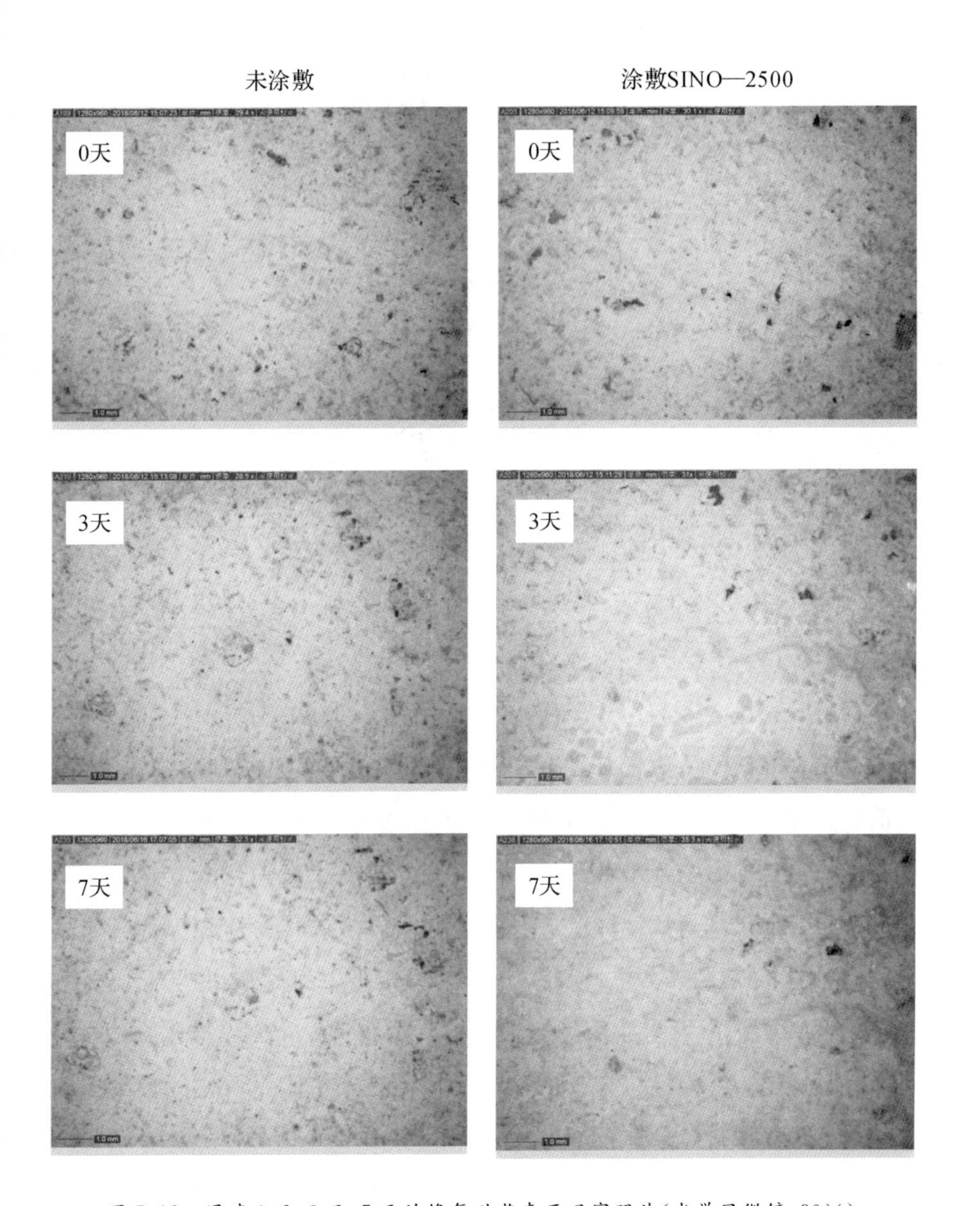

图 7.18　浸渍 0 天、3 天、7 天的修复砂浆表面观察照片(光学显微镜,30×)

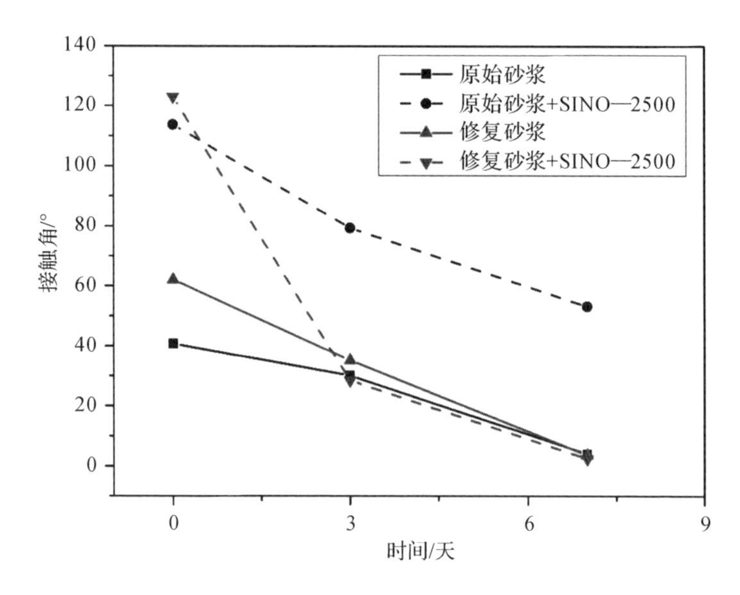

图 7.19　浸渍 0 天、3 天、7 天后的试块表面接触角

(7)耐久性

从循环破坏的质量变化曲线(图 7.22)中可以看出,在 15 次循环以前质量并没有很大的变化;而从图 7.20 则可以看出,12 次循环后,未涂敷防护材料的砂浆开始出现明显脱落,而其中一块涂敷 SINO—2500 的砂浆也开始出现裂痕。24 次循环后(图 7.21),原始砂浆整体质量未出现大的变化,质量略有上升是由于吸收了溶液中的盐分,但从表面状态来看,24 次循环后,未涂敷防护材料的原始砂浆表面深色物质脱落,涂敷 SINO—2500 的试块在 24 次循环后,其试块表面也开始出现泛白的情况。而修复砂浆则在 15 次循环后破坏明显,从表面开始逐渐脱落产生裂缝,涂敷 SINO—2500 的试块在 24 次循环后也可以看到泛白的情况。

从整体来看,涂敷 SINO—2500 可以提高砂浆的耐久性,尤其是提升抗盐侵蚀能力。从表面泛白且没有在表面出现剥落来看,该材料有较好的透水性和透气性,不会封闭孔径而引发保护性破坏(这一点结合孔径分布也可以得到说明)。但这次实验中,由于试块较小,该材料渗透性

图 7.20　12 次循环破坏后的试块

图 7.21　24 次循环破坏后的试块

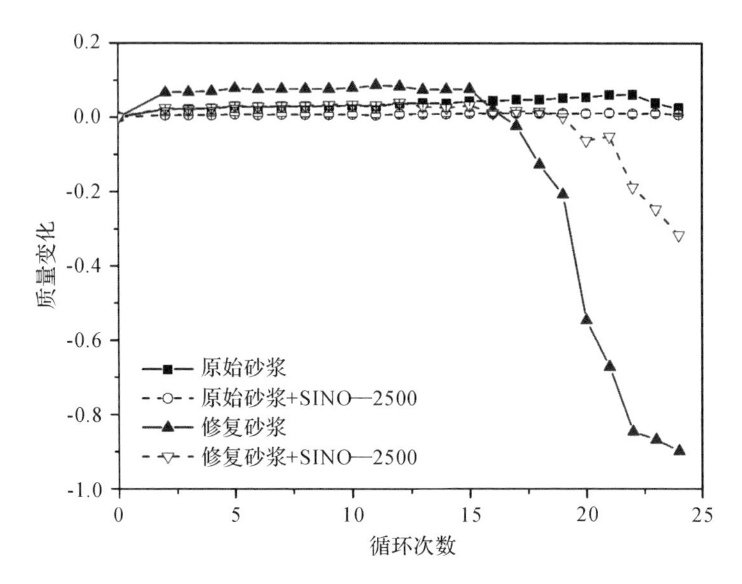

图 7.22　循环破坏实验中试块的质量变化曲线

较好，在涂敷的过程中 SINO—2500 已经渗透整个试块，因此也减小了水和盐从下部的渗透。真实修复情况中，若混凝土层较厚，仍然需要考虑材料的渗透深度以及界面处盐结晶产生内应力的问题。

7.2.3　综合评估分析和小结

我们对该教学大楼中使用的墙面原始砂浆和修缮工程中制作的修复砂浆的性能以及涂敷 SINO—2500 后性能的变化与耐久性进行了测试评估。从实验结果中可以得到以下几个结论。

(1)与原始砂浆相比，修复砂浆的强度较低、吸水较高、孔隙率较高，并且耐久性较弱。这可能是由于制作工艺的不同，比如配比、使用的熟料、护养方式的不同等方面造成的，也可能是由于原始砂浆碳化程度较高，使得其强度有提升。从原始砂浆的 XRD 结果来看，可以检测出明显长石类黏土矿物，这也可能是当时制作砂浆时配入了一些土。

(2)SINO—2500 防护材料涂敷后不会对外观造成影响，防水性极好，使用方便且有较好的渗透性(大于 1.5cm)。虽不能起到“堵孔”的效果，不能够提高强度和改变孔隙，但这也使其保持了材料的良好透气和透水性。从循环破坏的结果来看，SINO—2500 材料非常有效地提高了原始砂浆的耐久性。

(3)在耐酸性实验中，有无涂敷材料，都容易在表面出现一些白色产物。这一点需要在修缮工程实施后引起注意，或涂敷别的耐酸性较好的材料。

7.3　保护处理对混凝土微观结构的影响

目前对钢筋混凝土的电化学修复研究多重视考察其对钢筋的阻锈效果，虽然已有研究提到了电化学处理可能造成一些副作用[162,163,198,199]，引起一些结构缺陷，但大多与钢筋的黏结力和氢脆有关[164,200,201]。除此之外，电化学处理过程还可能对混凝土本身性能产生影响，在微观层面上这主要体现在改变了混凝土微观孔隙结构、物质组成，进而引起混凝土的力学强度、吸水率、电阻等宏观性质的变化[165,202～204]。混凝土耐久性与微观孔洞结构之间存在明显的对应关系，有害孔隙的减少，可以提高混凝土强度、减小渗透性，而有害孔洞尺寸的增大将直接导致结构松散[163,200]。在通电过程中，孔隙的改变也可能会对电场作用下离子的迁移和处理后离子的渗入过程产生影响。此外，大量的阳离子聚集还会诱发碱骨料反应，从而增加混凝土结构内部的缺陷。

混凝土的耐久性也影响着混凝土结构寿命，因此需要研究电化学修复引起的混凝土微观结构以及宏观性能的变化。新型双向电迁移法利用阻锈剂，而阻锈剂除了吸附在钢筋表面达到阻锈效果外，本身就会在混凝土内部沉积甚至与混凝土反应，对孔隙结构产生影响，这使得情况变得更为复杂。我们梳理国内外对电化学修复后混凝土微观结构的研究现状，探讨几种电化学方法引起的微观结构和物相成分上的变化，并重点论述新型双向电迁移法对混凝土微观结构和组成带来的影响，以期为未来电化学修复工程实施中参数的选择和电迁移型阻锈材料的研发及筛选提供一定的参考。

7.3.1 电化学除氯的影响

在电化学除氯过程中，不同的电解液对内层孔隙的结构影响程度也不同。王文仲等对电化学除盐后的混凝土进行电镜观察发现，内层C—S—H消失，但析出氢氧化钙结晶，结构变得致密；自来水作为电解液时外层混凝土由于钙离子被迁移至内层，导致结构疏松；饱和石灰水作为电解液时，外层也变得较为致密[205]。王新祥等研究发现，电化学除氯后内层孔隙率孔径分布变化与电解质溶液无关，外层混凝土则在蒸馏水通电后其样品孔隙率上升，而采用饱和氢氧化钙和饱和氢氧化钙＋硼酸锂($Li_2B_4O_7$)溶液时混凝土孔隙率下降，这说明电化学处理时Ca^{2+}的迁入是孔隙中氢氧化钙结晶析出的关键因素[206]。

通电时长对氢氧化钙的析出量也有影响。杨墨利用粉末X射线衍射法(XRD)分析不同通电时间和电流密度条件下混凝土样块的内层与表层粉末的结晶取向，并用热失重法测量$Ca(OH)_2$的生成量，探究了$Ca(OH)_2$析出的过程和通电参数的关系，发现通电初期在钢筋附近会有大量$Ca(OH)_2$生成，随着通电时间进一步增加，最终$Ca(OH)_2$的生成量趋于稳定，达到平衡[207]。

此外，水泥基材的不同也可能导致结果出现差异：Zheng等发现，孔隙率的增加与原本的孔隙大小有关，原本水灰比高，较为疏松的水泥基在除氯过程中也更容易溶解水化物；添加细矿渣的水泥基较添加粉煤灰的水泥在除氯后孔隙率增长明显[46]。在电化学除氯对混凝土的耐久性影响的研究中，已发现电化学除氯处理后混凝土保护层孔隙率增大，吸水率提高，可能降低混凝土的耐久性[208,209]。而Zheng等对不同种类的混凝土进行实验后发现，电化学除氯能提高加入粉煤灰水泥的抗氯离子和抗碳化性能，对加入高炉矿渣的水泥的效果不明显[46]。此外，在最近的研究中，Aghajani等采用电化学阻抗谱研究直流电源的杂散电流对混凝土渗透性能的影响，结果表明直流杂散电流会增加混凝土的渗透性。水泥基材以及电化学处理过程的不同，会对微观结构产生较大的影响，进而影响混凝土整体的耐久性[210]。

7.3.2　电化学再碱化的影响

电化学再碱化与电化学除氯的原理相似，对混凝土微观结构的影响规律也有类似之处：在外加电场的作用下，电解液和混凝土孔隙液中的阳离子向钢筋周围迁移，可能会加速 C—S—H 分解，造成孔隙增大，结构疏松。但目前许多研究中提到，电化学再碱化后混凝土的界面结构得到明显改善，有害孔隙得到减少，密实性和耐久性得到提高。比如，再碱化对混凝土的总孔隙率和孔径分布的影响都很大，混凝土的累积孔隙体积有所减少，孔径分布偏向于凝胶孔，其微观结构均匀密实，说明再碱化可以改善混凝土的孔结构，提高混凝土的耐久性能[211,212]。童芸芸等进行现场实验后，通过电子显微镜观察认为孔隙结构未发生改变[160]。

电流密度、通电时间和溶液浓度都会对再碱化处理后的孔隙结构造成影响[166,211]。熊焱等研究发现，随再碱化时间的增加，试件的比孔隙率呈先减小后增大的趋势，随着再碱化电解液浓度的增加，试件的比孔隙率呈先减小后增大再减小的趋势，采用 1.0mol/L 的碳酸钠（Na_2CO_3）电解质溶液再碱化时，电流密度为 $5A/m^2$，通电时长为 14 天时孔隙率最低[213]。对于再碱化后不同深度的孔隙结构，再碱化处理使阴阳极附近的碳酸钙的沉淀溶解平衡先发生于试件中层。因此，试件中层混凝土最为致密，孔隙最少，外层混凝土次之，而钢筋附近的混凝土相对粗糙、疏松，孔隙最多。这一现象与前文提到的电化学除氯较为类似，电化学处理过程使得靠近钢筋部分水化物 C—S—H 消失，结构疏松[214]。

7.3.3　双向电迁移的影响

双向电迁移技术的特点是在电解液中加入了电迁移型阻锈剂，

利用电场有效地迁移至混凝土内部。电迁移型阻锈剂是指在碱性环境中呈阳离子的阻锈剂，目前的研究中多使用胺类、醇胺类阻锈剂[124,125,130～133,139～143,145,215]。作为一种新型的电化学修复方法，目前在实验室研究中多注重考虑评价阻锈剂的阻锈效果和迁移性能，很少关注阻锈剂的渗入对混凝土产生的影响。在探究这一技术对混凝土微观结构产生的影响时，必须综合讨论：①阻锈剂本身是否会与混凝土孔隙中的成分反应，进而填堵孔隙或者改变孔隙壁的性质；②在电场作用下的双向离子迁移、晶体的析出等多个方面对混凝土微观结构产生影响。

此外，针对在双向电迁移型中使用阻锈剂，许晨测试了双向电迁移（阻锈剂为三乙烯四胺）和电化学除氯处理后试件的表面强度和不同深度的孔隙率，发现电化学处理对混凝土保护层孔隙分布的影响类似，总体上 20nm 以下小孔增加，20～100nm 的毛细孔减少，总孔隙率下降，靠近阳极区减小趋势明显；然而试件在经过双向电渗处理后保护层表面强度降低[142,216]。Karthick 等用氨基硫脲、胍和乙酸乙酯的混合溶液进行电迁移实验，发现电化学处理后，钢筋附近混凝土孔隙率下降，在电镜观察中发现孔隙被填补并且生成球状物质，进而填塞孔隙[144]。

艾志勇合成了氯乙酸钠—咪唑啉季铵盐这一新型阻锈剂，并探究了在其电迁移过程中钢筋混凝土的微观组成变化[138]。他们利用热分析法发现相同通电电压下，随通电时间延长，各钢筋混凝土试样内部 $Ca(OH)_2$ 含量逐渐增多，内层含量总是低于外层或中层，咪唑啉季铵盐电渗组的 $Ca(OH)_2$ 的生成速率高于空白组。双向电迁移后，随通电时间增加，总孔隙率无变化，内层、中层、外层 200nm 以上的孔隙体积分数均减小，这说明通电产生的 $Ca(OH)_2$ 优先在大孔中析出结晶，有利于减小有害孔。在电镜观察下，合成的咪唑啉季铵盐电迁移试样内部产生更多 $Ca(OH)_2$ 来填充空隙的产物，与热分析结果一致。此外，电迁移过程中随着通电时间延长，钢筋—混凝土界面区的 $Ca(OH)_2$ 不断增多富集，开始时无定向规律，但析出的结晶逐渐趋于定向排布。该研究中结合显微硬度的结果指出，通电时间越长，电流密度越高，界面区显微硬度下降越明显，这可能与析出的 $Ca(OH)_2$ 结晶的定向排列有关。

费飞龙以咪唑啉季铵盐（IQS，种类包括丁酸咪唑啉季铵盐、月桂酸咪唑啉季铵盐等，均含有—COO^- 羧酸基团）作为电迁移阻锈剂进行通电处理，并对其他物相组成的变化也进行了探讨[136]。通过热重分析物相含量后同样证明电迁移处理后混凝土中 $Ca(OH)_2$ 含量随着向混凝土内深度的增加，越靠近钢筋表面，其含量越多。此外，通过XRD 测定晶型后发现，阻锈剂电迁移处理 28 天后，钢筋与混凝土界面处浆体中钙矾石（AFt）的特征峰已消失，电流密度越大，钙矾石特征峰强度越弱。在通电过程中，在相同通电参数下，最外层（阳极侧）混凝土总孔隙率较低，并随深度的逐渐增加，孔隙率不断增大；与电化学除盐相比，咪唑啉季铵盐阻锈剂电迁移处理能使外层孔隙率降低，内层孔隙率增高，但最可几孔径减小。在向混凝土内电迁移过程中，阻锈剂分子中含羧基的成分与混凝土中的 Ca^{2+} 形成了不溶性脂肪酸钙盐，这种脂肪酸钙盐在表层混凝土孔壁上大量沉淀，对孔隙的堵塞效应显著，降低表层混凝土的总孔隙率；逐渐形成了覆盖于孔隙壁上的憎水层，增加了防水性；而随着向混凝土内深度的增加，迁移进入的阻锈剂的量逐渐减少，形成的脂肪酸沉淀减少，其对内层混凝土的孔隙填充能力逐渐减低，故向混凝土内深度越大，混凝土总孔隙率呈现逐渐增大的规律。

双向电迁移和电化学除氯规律相近，均会在处理过程中析出 $Ca(OH)_2$晶体。这从直接涂敷和电迁移法的结果都可以看出，阻锈剂材料本身的性质会对混凝土的性质带来影响。与电化学除氯相比，可以形成沉淀的阻锈剂能更为有效降低混凝土的总孔隙率，提升钢筋混凝土结构整体的耐久性，这也证明选择合适的双向电迁移材料不仅可以直接在钢筋表面吸附而起到防腐效果，也可以改善混凝土的孔隙结构来提高耐久性。而 Chaussadent 等测量混凝土的阻抗谱后发现，加入 Na_2PO_3F 后混凝土部分的电阻减小，这一结果与阻锈剂生成沉淀而堵塞孔隙、增大电阻率的推测相悖[217]。此外，也有多篇文献指出，混凝土碳化后不会与磷酸盐类、醇胺类阻锈剂反应生成沉淀[120,170,218,219]，但目前还没有研究报道双向电迁移对碳化混凝土进行处理时，阻锈剂是否会和阴极附近产生的氢氧根离子发生反应，产生沉淀，从而达到综合提高钢筋混凝土耐久性的效果。

参考文献

[1] JESTER T. Twentieth-century building materials: history and conservation[M]. Los Angeles:Getty Conservation Institute,2014.

[2]刘抚英,蒋亚静,陈易.浙江省近现代工业遗产考察研究[J].建筑学报,2016(2):5-9.

[3]CUSTANCE-BAKER A,CREVELLO G,MACDONALD S,et al. Conserving concrete heritage: an anotated bibliography[M]. Los Angeles:The Getty Conservation Institute,2015.

[4]许先宝.江浙地区民国钢筋混凝土建筑的构造设计方法和结构设计方法研究[D].南京:东南大学,2017.

[5]上海市城市管理行政执法局.上海市历史风貌区和优秀历史建筑保护条例. 2020.

[6]李行言.北京20世纪遗产建筑混凝土材质的预防性保护[D].北京:北京工业大学,2016.

[7]陈大川,胡海波.某近代建筑检测与加固修复设计[J].工业建筑,2007(7):100-103.

[8]淳庆,潘建伍.民国时期钢筋混凝土结构常见缺陷及适宜性加固方法研究[J].文物保护与考古科学,2013,25(1):47-53.

[9] PECK M. Concrete: design, construction, examples[M]. Basel: Birkhäuser,2006.

[10]TROUT E A R. The history of calcareous cements [M]//

HEWLETT P C, LISKA M. Lea's chemistry of cement and concrete. Fifth edition. Butterworth-Heinemann, 2019: 1-29.

[11] PAINE K A. Physicochemical and mechanical properties of portland cements[M]//HEWLETT P C, LISKA M. Lea's chemistry of cement and concrete. Fifth edition. Butterworth-Heinemann, 2019: 285-339.

[12] AÏTCIN P C. Portland cement[M]//AïTCIN P-C, FLATT R J. Science and technology of concrete admixtures. Woodhead Publishing, 2016: 27-51.

[13] YUAN Q, LIU Z, ZHENG K, et al. Chapter 3-portland cement concrete[M]//YUAN Q, LIU Z, ZHENG K, et al. Civil engineering materials. Elsevier, 2021: 59-204.

[14] AïTCIN P C. Supplementary cementitious materials and blended cements[M]//AïTCIN P-C, FLATT R J. Science and technology of concrete admixtures. Woodhead Publishing, 2016: 53-73.

[15] OUELLET-PLAMONDON C, HABERT G. Life cycle assessment (LCA) of alkali-activated cements and concretes[M]//PACHECO-TORGAL F, LABRINCHA J A, LEONELLI C, et al. Handbook of alkali-activated cements, mortars and concretes. Oxford: Woodhead Publishing, 2015: 663-686.

[16] SIMS I, LAY J, FERRARI J. Concrete aggregates[M]// HEWLETT P C, LISKA M. Lea's chemistry of cement and concrete. Fifth edition. Butterworth-Heinemann, 2019: 699-778.

[17] CHANDRA S, BERNTSSON L. Production of lightweight aggregates and its properties[M]//CHANDRA S, BERNTSSON L. Lightweight aggregate concrete. William Andrew Publishing, 2002: 21-65.

[18] DHIR R K, DE BRITO J, SILVA R V, et al. Recycled aggregate concrete: durability properties[M]//DHIR R K, DE BRITO J,

SILVA R V, et al. Sustainable construction materials. Woodhead Publishing, 2019: 365-418.

[19]KENAI S. Recycled aggregates[M]//SIDDIQUE R, CACHIM P. Waste and supplementary cementitious materials in concrete. Woodhead Publishing, 2018: 79-120.

[20]SILVA R V, DE BRITO J, DHIR R K. Use of recycled aggregates arising from construction and demolition waste in new construction applications[J]. Journal of Cleaner Production, 2019, 236: 117629.

[21]GAYARRE F L, GONZáLEZ J S, PéREZ C L-C, et al. Shrinkage and creep in structural concrete with recycled brick aggregates[J]. Construction and Building Materials, 2019, 228: 116750.

[22]AGRELA F, ALAEJOS P, DE JUAN M S. Properties of concrete with recycled aggregates[M]//PACHECO-TORGAL F, TAM V W Y, LABRINCHA J A, et al. Handbook of recycled concrete and demolition waste. Woodhead Publishing, 2013: 304-329.

[23]EZIEFULA U G, EZEH J C, EZIEFULA B I. Properties of seashell aggregate concrete: a review[J]. Construction and Building Materials, 2018, 192: 287-300.

[24]NAQVI S Z, RAMKUMAR J, KAR K K. Coal-based fly ash [M]//KAR K K. Handbook of fly ash. Butterworth-Heinemann, 2022: 3-33.

[25]ALTERARY S S, MAREI N H. Fly ash properties, characterization, and applications: a review[J]. Journal of King Saud University-Science, 2021, 33(6): 101536.

[26]HEWLETT P C, JUSTNES H, EDMEADES R M. Cement and concrete admixtures [M]//HEWLETT P C, LISKA M. Lea's chemistry of cement and concrete. Fifth edition. Butterworth-Heinemann, 2019: 641-698.

[27]IRASSAR E F. Sulfate attack on cementitious materials containing limestone filler: a review[J]. Cem Concr Res, 2009, 39(3): 241-254.

[28]GELARDI G, FLATT R J. Working mechanisms of water reducers and superplasticizers[M]//AÏTCIN P-C, FLATT R J. Science and technology of concrete admixtures. Woodhead Publishing, 2016: 257-278.

[29]SHA S, WANG M, SHI C, et al. Influence of the structures of polycarboxylate superplasticizer on its performance in cement-based materials: a review[J]. Construction and Building Materials, 2020, 233: 117257.

[30]BERTOLINI L, CARSANA M, REDAELLI E. Conservation of historical reinforced concrete structures damaged by carbonation induced corrosion by means of electrochemical realkalisation[J]. Journal of Cultural Heritage, 2008, 9(4): 376-385.

[31]POWERS T C. A working hypothesis for further studies of frost resistance of concrete[J]. Journal of the American Concrete Institute, 1945, 16(4): 245-272.

[32]POWERS T C, HELMUTH R A. Theory of volume changes in hardened Portland cement paste during freezing[J]. Proc Highway Res Board, 1953, 32(2): 285-297.

[33]MINDESS S, YOUNG J F, DARWIN D. Concrete[M]. New Jersey, USA: Prentice Hall, 2003.

[34]PIGEON M, PLEAU R. Durability of concrete in cold climates[M]. London: E & FN Spon, 1995.

[35]LOTHENBACH B, BARY B, LE BESCOP P, et al. Sulfate ingress in Portland cement[J]. Cem Concr Res, 2010, 40(8): 1211-1225.

[36]NAKAJIMA Y, YAMADA K. The effect of the kind of calcium

sulfate in cements on the dispersing ability of poly β-naphthalene sulfonate condensate superplasticizer[J]. Cem Concr Res,2004,34(5):839-844.

[37]COLLEPARDI M. A state-of-the-art review on delayed ettringite attack on concrete[J]. Cem Concr Compos,2003,25(4):401-407.

[38]ZHANG Y,PAN Y,ZHANG D. A literature review on delayed ettringite formation: mechanism, affect factors and suppressing methods[J]. Magazine of Concrete Research, 2021, 73(7): 325-342.

[39]ROZIÉRE E,LOUKILI A,EL HACHEM R,et al. Durability of concrete exposed to leaching and external sulphate attacks[J]. Cem Concr Res,2009,39(12):1188-1198.

[40]侯保荣. 海洋钢筋混凝土腐蚀与修复补强技术[M]. 北京:科学出版社,2012.

[41]ALEXANDER M G. Alkali-aggregate reaction[M]//MINDESS S. Developments in the formulation and reinforcement of concrete. Second edition. Woodhead Publishing,2019:87-113.

[42]PADDY E G-B,TETSUYA K. So-called alkali-carbonate reaction (ACR)[M]. Alkali-aggregate reaction in concrete:a world review. CRC Press:2017.

[43]PRINČIČ T,ŠTUKOVNIK P,PEJOVNIK S,et al. Observations on dedolomitization of carbonate concrete aggregates, implications for ACR and expansion[J]. Cem Concr Res,2013,54:151-160.

[44]QIU Q. A state-of-the-art review on the carbonation process in cementitious materials: fundamentals and characterization techniques[J]. Construction and Building Materials,2020,247:118503.

[45]ASHRAF W. Carbonation of cement-based materials: challenges and opportunities[J]. Construction and Building Materials,2016,

120:558-570.

[46]ZHENG L, JONES M R, SONG Z. Concrete pore structure and performance changes due to the electrical chloride penetration and extraction[J]. Journal of Sustainable Cement-Based Materials, 2016, 5 (1-2): 76-90.

[47]GJ V. Corrosion of metals in concrete[M]. Farmington Hills: American Concrete Institute, 1975.

[48]WANG Z, ZENG Q, WANG L, et al. Corrosion of rebar in concrete under cyclic freeze-thaw and Chloride salt action[J]. Construction and Building Materials, 2014, 53: 40-47.

[49]ZHAO Y, JIN W. Chapter 2-steel corrosion in concrete[M]// ZHAO Y, JIN W. Steel corrosion-induced concrete cracking. Butterworth-Heinemann, 2016: 19-29.

[50]POURSAEE A. Corrosion of steel in concrete structures[M]// POURSAEE A. Corrosion of steel in concrete structures. Oxford: Woodhead Publishing, 2016: 19-33.

[51]VERMA S K, BHADAURIA S S, AKHTAR S. Estimating residual service life of deteriorated reinforced concrete structures [J]. American Journal of Civil Engineering and Architecture, 2013, 1(5): 92-96.

[52]BOSCHMANN K C, ANGST U M, AGUILAR A M, et al. A systematic data collection on chloride-induced steel corrosion in concrete to improve service life modelling and towards understanding corrosion initiation[J]. Corros Sci, 2019, 157: 331-336.

[53]Draft recommendation for repais strategies for concrete structures damaged by reinforcement corrosion[J]. Matériaux et Construction, 1994, 27(171): 415-436.

[54]BERTOLINI L, ELSENER B, PEDEFERRI P, et al. Corrosion of

steel in concrete: prevention, diagnosis, repair [M]. Cambridge: Wiley-VCH Verlag GmbH & Co. KGaA,2013.

[55]Gaudette P. Special considerations in repair of historic concrete [J]. Concrete Repair Bulletin,2000:12-13.

[56]BERTOLINI L, CARSANA M, GASTALDI M, et al. Corrosion assessment and restoration strategies of reinforced concrete buildings of the cultural heritage[J]. Mater Corros,2011,62(2): 146-154.

[57]CANISIUS T D G, WALEED N. Concrete patch repairs under propped and unpropped implementation [J]. Proceedings of the Institution of Civil Engineers-Structures and Buildings, 2004, 157 (2):149-156.

[58] BISSONNETTE B, COURARD L, BEUSHAUSEN H, et al. Recommendations for the repair, the lining or the strengthening of concrete slabs or pavements with bonded cement-based material overlays[J]. Mater Struct,2013,46(3):481-494.

[59]DE ALMEIDA VALENçA J M,DE ALMEIDA C A F P,BOTAS J L M,et al. Patch restoration method: a new concept for concrete heritage [J]. Construction and Building Materials, 2015, 101: 643-651.

[60] YAZDI M A, DEJAGER E, DEBRAEKELEER M, et al. Bond strength between concrete and repair mortar and its relation with concrete removal techniques and substrate composition [J]. Construction and Building Materials,2020,230:116900.

[61]EMMONS P H, VAYSBURD A M. Factors affecting the durability of concrete repair: the contractor's viewpoint [J]. Construction and Building Materials,1994,8(1):5-16.

[62] MORGAN D R. Compatibility of concrete repair materials and

systems[J]. Construction and Building Materials, 1996, 10(1): 57-67.

[63]GUO T,XIE Y,WENG X. Evaluation of the bond strength of a novel concrete for rapid patch repair of pavements[J]. Construction and Building Materials,2018,186:790-800.

[64]CHEN D H,ZHOU W,KUN L. Fiber reinforced polymer patching binder for concrete pavement rehabilitation and repair [J]. Construction and Building Materials,2013,48:325-332.

[65]DIAMANTI M V, BRENNA A, BOLZONI F, et al. Effect of polymer modified cementitious coatings on water and chloride permeability in concrete[J]. Construction and Building Materials, 2013,49:720-728.

[66]HE Z,CHEN X,CAI X. Influence and mechanism of micro/nano-mineral admixtures on the abrasion resistance of concrete[J]. Construction and Building Materials,2019,197:91-98.

[67]LI L G,ZHENG J Y,ZHU J,et al. Combined usage of micro-silica and nano-silica in concrete:SP demand,cementing efficiencies and synergistic effect[J]. Construction and Building Materials,2018, 168:622-632.

[68]SHAHRAJABIAN F, BEHFARNIA K. The effects of nano particles on freeze and thaw resistance of alkali-activated slag concrete[J]. Construction and Building Materials, 2018, 176: 172-178.

[69]SZYMANOWSKI J,SADOWSKI Ł. The influence of the addition of tetragonal crystalline titanium oxide nanoparticles on the adhesive and functional properties of layered cementitious composites[J]. Compos Struct,2020,233:111636.

[70]WANG X F,HUANG Y J,WU G Y,et al. Effect of nano-SiO_2 on

strength, shrinkage and cracking sensitivity of lightweight aggregate concrete[J]. Construction and Building Materials,2018,175:115-125.

[71]高国锋.纤维与聚合物复掺对活性粉末混凝土性能的研究[D].重庆:重庆大学,2017.

[72]ALI M S,LEYNE E,SAIFUZZAMAN M,et al. An experimental study of electrochemical incompatibility between repaired patch concrete and existing old concrete[J]. Construction and Building Materials,2018,174:159-172.

[73]CHRISTODOULOU C,GOODIER C,AUSTIN S,et al. Diagnosing the cause of incipient anodes in repaired reinforced concrete structures[J]. Corros Sci,2013,69:123-129.

[74]RIBEIRO J L S, PANOSSIAN Z, SELMO S M S. Proposed criterion to assess the electrochemical behavior of carbon steel reinforcements under corrosion in carbonated concrete structures after patch repairs[J]. Construction and Building Materials,2013,40:40-49.

[75] SOLEIMANI S, GHODS P, ISGOR O B, et al. Modeling the kinetics of corrosion in concrete patch repairs and identification of governing parameters [J]. Cem Concr Compos, 2010, 32 (5): 360-368.

[76]TRAN D V P,SANCHAROEN P,KLOMJIT P,et al. Electrochemical compatibility of patching repaired reinforced concrete: experimental and numerical approach[J]. J Adhes Sci Technol,2020,34(8):828-848.

[77]ZHANG J,MAILVAGANAM N. Corrosion of concrete reinforcement and electrochemical factors in concrete patch repair [J]. Canadian Journal of Civil Engineering-CAN J CIVIL ENG, 2006, 33:

785-793.

[78]VAYSBURD A M,EMMONS P H. How to make today's repairs durable for tomorrow—corrosion protection in concrete repair[J]. Construction and Building Materials,2000,14(4):189-197.

[79]VAYSBURD A M. Holistic system approach to design and implementation of concrete repair[J]. Cem Concr Compos,2006,28(8):671-678.

[80]MACDONALD S. Performance evaluation of patch repairs on historic concrete structures[M].

[81]MACDONALD S,ARATO GONCALVES A P. Concrete conservation: outstanding challenges and potential ways forward[J]. International Journal of Building Pathology and Adaptation, 2020, 38 (4): 607-618.

[82]ALMUSALLAM A A, KHAN F M, DULAIJAN S U, et al. Effectiveness of surface coatings in improving concrete durability [J]. Cem Concr Compos,2003,25(4):473-481.

[83]LEVI M,FERRO C,REGAZZOLI D,et al. Comparative evaluation method of polymer surface treatments applied on high performance concrete[J]. J Mater Sci,2002,37(22):4881-4888.

[84]SÁNCHEZ M,FARIA P,FERRARA L,et al. External treatments for the preventive repair of existing constructions: a review[J]. Construction and Building Materials,2018,193:435-452.

[85]PAN X, SHI Z, SHI C, et al. A review on concrete surface treatment part I: types and mechanisms [J]. Construction and Building Materials,2017,132:578-590.

[86]PAN X,SHI Z,SHI C,et al. A review on surface treatment for concrete-part 2:performance[J]. Construction and Building Materials, 2017,133(Supplement C):81-90.

[87] KHANNA A S. 14-organic coatings for concrete and rebars in reinforced concrete structures [M]//KHANNA A S. High-performance organic coatings. Woodhead Publishing, 2008: 289-306.

[88] HINDER S J, LOWE C, MAXTED J T, et al. Intercoat adhesion failure in a multilayer organic coating system: an x-ray photoelectron spectroscopy study[J]. Prog Org Coat, 2005, 54(1): 20-27.

[89] PERRIN F X, MERLATTI C, ARAGON E, et al. Degradation study of polymer coating: improvement in coating weatherability testing and coating failure prediction[J]. Prog Org Coat, 2009, 64(4): 466-473.

[90] PAVLIDOU S, PAPASPYRIDES C D. A review on polymer-layered silicate nanocomposites[J]. Prog Polym Sci, 2008, 33(12): 1119-1198.

[91] SINHA S, OKAMOTO M. Polymer/layered silicate nanocomposites: a review from preparation to processing[J]. Prog Polym Sci, 2003, 28(11): 1539-1641.

[92] WOO R S C, ZHU H, CHOW M M K, et al. Barrier performance of silane-clay nanocomposite coatings on concrete structure[J]. Compos Sci Technol, 2008, 68(14): 2828-2836.

[93] LI G, CUI H, ZHOU J, et al. Improvements of nano-TiO_2 on the long-term chloride resistance of concrete with polymer coatings[J]. Coatings, 2019, 9(5): 323.

[94] LI G, HU W, CUI H, et al. Long-term effectiveness of carbonation resistance of concrete treated with nano-SiO_2 modified polymer coatings[J]. Construction and Building Materials, 2019, 201: 623-630.

[95] MANOUDIS P, PAPADOPOULOU S, KARAPANAGIOTIS I, et al. Polymer-Silica nanoparticles composite films as protective

coatings for stone-based monuments [J]. Journal of Physics: Conference Series, 2007, 61: 1361-1365.

[96]GHERARDI F, GOIDANICH S, DAL SANTO V, et al. Layered nano-TiO_2 based treatments for the maintenance of natural stones in historical architecture[J]. Angew Chem Int Ed, 2018, 57(25): 7360-7363.

[97]俞海. 高性能有机硅产品在混凝土加固改造中的应用[J]. 建筑结构, 2007, 37(S1): 417-419.

[98]MAYER H. Masonry protection with silanes, siloxanes and silicone resins[J]. Surf Coat Int, 1998, 81(2): 89-93.

[99]YU J, LI S, HOU D, et al. Hydrophobic silane coating films for the inhibition of water ingress into the nanometer pore of calcium silicate hydrate gels[J]. PCCP, 2019, 21(35): 19026-19038.

[100]DAI J G, AKIRA Y, WITTMANN F H, et al. Water repellent surface impregnation for extension of service life of reinforced concrete structures in marine environments: the role of cracks [J]. Cem Concr Compos, 2010, 32(2): 101-109.

[101] FRANZONI E, PIGINO B, PISTOLESI C. Ethyl silicate for surface protection of concrete: Performance in comparison with other inorganic surface treatments[J]. Cem Concr Compos, 2013, 44: 69-76.

[102]PIGINO B, LEEMANN A, FRANZONI E, et al. Ethyl silicate for surface treatment of concrete—part Ⅱ: characteristics and performance [J]. Cem Concr Compos, 2012, 34(3): 313-321.

[103] SANDROLINI F, FRANZONI E, PIGINO B. Ethyl silicate for surface treatment of concrete—part Ⅰ: pozzolanic effect of ethyl silicate[J]. Cem Concr Compos, 2012, 34(3): 306-312.

[104] SELVARAJ R, SELVARAJ M, IYER S V K. Studies on the

evaluation of the performance of organic coatings used for the prevention of corrosion of steel rebars in concrete structures[J]. Prog Org Coat,2009,64(4):454-459.

[105] GOYAL A, POUYA H S, GANJIAN E, et al. A review of corrosion and protection of steel in concrete[J]. Arabian Journal for Science and Engineering,2018,43(10):5035-5055.

[106] ZHANG H, LIU Q, LIU T, et al. The preservation damage of hydrophobic polymer coating materials in conservation of stone relics[J]. Prog Org Coat,2013,76(7-8):1127-1134.

[107]刘志勇.迁移性阻锈剂——制备、性能及其在混凝土结构耐久性提升中的应用[M].北京:化学工业出版社,2016.

[108] BANERJEE S, SRIVASTAVA V, SINGH M M. Chemically modified natural polysaccharide as green corrosion inhibitor for mild steel in acidic medium[J]. Corros Sci,2012,59:35-41.

[109] BASTIDAS D M, CRIADO M, LA IGLESIA V M, et al. Comparative study of three sodium phosphates as corrosion inhibitors for steel reinforcements[J]. Cem Concr Compos,2013, 43:31-38.

[110] BELLO M, OCHOA N, BALSAMO V, et al. Modified cassava starches as corrosion inhibitors of carbon steel: an electrochemical and morphological approach[J]. Carbohydr Polym,2010,82(3): 561-568.

[111] FATHIMA SABIRNEEZA A A, GEETHANJALI R, SUBHASHINI S. Polymeric corrosion inhibitors for iron and its alloys: a review [J]. Chem Eng Commun,2014,202(2):232-244.

[112]张焱琴,杨丽霞,谢鹏波.硅烷偶联剂在金属表面预处理中的应用研究进展[J].材料保护,2017,50(12):67-73.

[113] ZAFERANI S H, PEIKARI M, ZAAREI D, et al. Using silane

films to produce an alternative for chromate conversion coatings [J]. Corrosion,2013,69:372-387.

[114] WANG D, BIERWAGEN G P. Sol-gel coatings on metals for corrosion protection[J]. Prog Org Coat,2009,64(4):327-338.

[115]胡吉明,杨亚琴,张鉴清,等.电沉积防护性硅烷薄膜的研究现状与展望[J].中国腐蚀与防护学报,2011,31(1):1-9.

[116]陈瑞姣.电泳法制备超疏水表面及其在金属防护中的应用[D].杭州:浙江大学,2017.

[117]芮书静.铁质文物硅烷缓蚀封护膜的制备及其耐蚀性能研究[D].郑州:郑州大学,2018.

[118]CRIADO M,SOBRADOS I,SANZ J,et al. Steel protection using sol-gel coatings in simulated concrete pore solution contaminated with chloride[J]. Surf Coat Technol,2014,258:485-494.

[119]LIU J,CAI J,SHI L,et al. The inhibition behavior of a water-soluble silane for reinforcing steel in 3.5% NaCl saturated $Ca(OH)_2$ solution [J]. Construction and Building Materials, 2018,189:95-101.

[120]TRITTHART J. Transport of a surface-applied corrosion inhibitor in cement paste and concrete[J]. Cem Concr Res, 2003, 33(6): 829-834.

[121] LIU Z, YU L, WANG Z, et al. Modeling and experimental validation of MCI transport involving pore-blocking effect in cement-based materials[J]. J Mater Civ Eng, 2016, 28(5): 04015187.

[122] BOLZONI F, GOIDANICH S, LAZZARI L, et al. Corrosion inhibitors in reinforced concrete structures part 2-repair system [J]. Corrosion Engineering, Science and Technology, 2006, 41 (3):212-220.

[123] ELSENER B, ANGST U. Corrosion inhibitors for reinforced concrete[M]//AïTCIN P C, FLATT R J. Science and technology of concrete admixtures. Woodhead Publishing, 2016: 321-339.

[124] SAWADA S, KUBO J, PAGE C L, et al. Electrochemical injection of organic corrosion inhibitors into carbonated cementitious materials: part 1. Effects on pore solution chemistry[J]. Corros Sci, 2007, 49(3): 1186-1204.

[125] SAWADA S, PAGE C L, PAGE M M. Electrochemical injection of organic corrosion inhibitors into concrete[J]. Corros Sci, 2005, 47(8): 2063-2078.

[126] SHAN H, XU J, JIANG L, et al. A novel electrochemical technique for enhancing silane penetration depth into mortar[J]. Construction and Building Materials, 2017, 144: 645-649.

[127] SHAN H, XU J, WANG Z, et al. Electrochemical chloride removal in reinforced concrete structures: improvement of effectiveness by simultaneous migration of silicate ion [J]. Construction and Building Materials, 2016, 127(Supplement C): 344-352.

[128] 徐金霞,单鸿猷,唐力,等. 硅酸根电迁移反应法处理砂浆的耐久性[J]. 河海大学学报(自然科学版), 2015, 43(5): 489-494.

[129] SÁNCHEZ M, ALONSO M C. Electrochemical chloride removal in reinforced concrete structures: improvement of effectiveness by simultaneous migration of calcium nitrite[J]. Construction and Building Materials, 2011, 25(2): 873-878.

[130] 王卫仑,徐金霞,高国福,等. 电化学除氯法和二-甲基乙醇胺电渗透的联合修复技术[J]. 河海大学学报(自然科学版), 2014, 42(6): 535-540.

[131] 刘宗玉. 钢筋混凝土电迁移阻锈及除盐实验研究[D]. 哈尔滨: 哈尔滨工业大学, 2013.

[132]唐军务,朱雅仙,黄长虹,等. 军港码头采用不同延寿修复技术比较研究[J]. 海洋工程,2009,27(4):116-120.

[133]朱雅仙,蔡伟成,李森林,等. 钢筋混凝土阻锈剂电迁移阻锈技术[J]. 水运工程,2015,(4):37-40.

[134]黄俊友,胡晓东,洪定海,等. 电化学注入阻锈剂对混凝土中 Cl^- 腐蚀钢筋的阻锈效果[J]. 建筑材料学报,2011,14(4):546-549.

[135]FEI F L, HU J, WEI J X, et al. Corrosion performance of steel reinforcement in simulated concrete pore solutions in the presence of imidazoline quaternary ammonium salt corrosion inhibitor[J]. Construction and Building Materials, 2014, 70: 43-53.

[136]费飞龙. 新型电迁移性阻锈剂的研制及其阻锈效果与机理的研究[D]. 广州:华南理工大学,2015.

[137]费飞龙,王新祥,余其俊,等. 新型电迁移型阻锈剂的应用研究[J]. 广东土木与建筑,2015,12:55-59.

[138]艾志勇. 新型电迁移性阻锈剂的设计、合成及其对钢筋混凝土组成、结构与性能的影响[D]. 广州:华南理工大学,2013.

[139]章思颖. 应用于双向电渗技术的电迁移型阻锈剂的筛选[D]. 杭州:浙江大学,2012.

[140]许晨,金伟良,章思颖. 氯盐侵蚀混凝土结构延寿技术初探Ⅱ——混凝土中 6 种胺类有机物电迁移与阻锈性能[J]. 建筑材料学报,2014,17(5):761-767.

[141]张俊喜,鲁进亮,蒋俊,等. 以醇胺类缓蚀剂为电解质的电化学再碱化修复效果研究[J]. 建筑材料学报,2012,15(2):200-205.

[142]XU C, JIN W L, WANG H L, et al. Organic corrosion inhibitor of triethylenetetramine into chloride contamination concrete by eletro-injection method[J]. Construction and Building Materials, 2016, 115(Supplement C):602-617.

[143]郭杜,金骏,朱育军,等.材料特性对三乙烯四胺双向电渗技术短期效果实验研究[J].混凝土,2017,1:71-75.

[144]KARTHICK S P,MADHAVAMAYANDI A,MURALIDHARAN S,et al. Electrochemical process to improve the durability of concrete structures[J]. Journal of Building Engineering,2016,7:273-280.

[145]麻福斌.醇胺类迁移型阻锈剂对海洋钢筋混凝土的防腐蚀机理[D].青岛:中国科学院研究生院(海洋研究所),2015.

[146]BELLAL Y,BENGHANEM F,KERAGHEL S. A new corrosion inhibitor for steel rebar in concrete: synthesis, electrochemical and theoretical studies[J]. J Mol Struct,2021,1225:129257.

[147]BELLAL Y,KERAGHEL S,BENGHANEM F,et al. A new inhibitor for steel rebar corrosion in concrete:electrochemical and theoretical studies[J]. International Journal of Electrochemical Science,2018,13(7):7218-7245.

[148]PAN T,NGUYEN T A,SHI X. Assessment of electrical injection of corrosion inhibitor for corrosion protection of reinforced concrete[J]. Transportation Research Record,2008,2044(1):51-60.

[149]NGUYEN T H,NGUYEN T A,NGUYEN T V,et al. Effect of electrical injection of corrosion inhibitor on the corrosion of steel rebar in chloride-contaminated repair mortar[J]. International Journal of Corrosion,2015:862623.

[150]GONG J,SHEN Z,TONG Y,et al. Electrochemical chloride extraction and inhibitor injection in salt-contaminated repair mortar[J]. International Journal of Electrochemical Science,2018,13(1):498-513.

[151]PAN C,MAO J,JIN W. Effect of imidazoline inhibitor on the rehabilitation of reinforced concrete with electromigration method[J]. Materials,2020,13(2):398.

[152] ELSENER B. Long-term durability of electrochemical chloride extraction[J]. Mater Corros,2008,59:91-97.
[153]毛江鸿,金伟良,李志远,等.氯盐侵蚀钢筋混凝土桥梁耐久性提升及寿命预测[J].中国公路学报,2016,29(1):61-66.
[154]淳庆,杨红波,金辉,等.南京长江大桥公路桥维修与文物保护技术研究[J].建筑遗产,2019(3):24-35.
[155] CAñóN A, GARCéS P, CLIMENT M A, et al. Feasibility of electrochemical chloride extraction from structural reinforced concrete using a sprayed conductive graphite powder-cement paste as anode[J]. Corros Sci,2013,77:128-134.
[156]FANG Y,DU K,GUO Q,et al. Investigation of electrochemical chloride removal from concrete using direct and pulse current[J]. Construction and Building Materials,2021,270:121434.
[157]LIU Q F, XIA J, EASTERBROOK D, et al. Three-phase modelling of electrochemical chloride removal from corroded steel-reinforced concrete[J]. Construction and Building Materials, 2014,70:410-427.
[158]屈文俊,朱鹏,张翔.碳化混凝土再碱化技术机理的深入研究[C].
[159] CASTELLOTE M, LLORENTE I, ANDRADE C, et al. In-situ monitoring the realkalisation process by neutron diffraction: electroosmotic flux and portlandite formation[J]. Cem Concr Res,2006,36(5):791-800.
[160]童芸芸,马超,叶良,等.岈塘碑亭碳化腐蚀再碱化修复现场实验研究[J].浙江科技学院学报,2016,28(6):413-419.
[161] PAGE C L, YU S W. Potential effects of electrochemical desalination of concrete on alkali-silica reaction[J]. Magazine of Concrete Research,1995,47(170):23-31.
[162]CHANG J J. Bond degradation due to the desalination process

[J]. Construction and Building Materials,2003,17(4):281-287.

[163]ORELLAN J C,ESCADEILLAS G,ARLIGUIE G. Electrochemical chloride extraction:efficiency and side effects[J]. Cem Concr Res,2004,34(2):227-234.

[164]韦江雄,王新祥,郑靓,等. 电除盐中析氢反应对钢筋一混凝土黏结力的影响[J]. 武汉理工大学学报,2009,31(12):30-34.

[165]YEIH W,CHANG J J. A study on the efficiency of electrochemical realkalisation of carbonated concrete[J]. Construction and Building Materials,2005,19(7):516-524.

[166]FRANZONI E,VARUM H,NATALI M E,et al. Improvement of historic reinforced concrete/mortars by impregnation and electrochemical methods[J]. Cem Concr Compos,2014,49:50-58.

[167]RÉUS G C,MEDEIROS M H F. Chemical realkalization for carbonated concrete treatment:alkaline solutions and application methods[J]. Construction and Building Materials,2020,262:120880.

[168]KUBO J,SAWADA S,PAGE C L,et al. Electrochemical injection of organic corrosion inhibitors into carbonated cementitious materials:part 2. Mathematical modelling[J]. Corros Sci,2007,49(3):1205-1227.

[169]KUBO J,TANAKA Y,PAGE C L,et al. Application of electrochemical organic corrosion inhibitor injection to a carbonated reinforced concrete railway viaduct[J]. Construction and Building Materials,2013,39:2-8.

[170]NMAI C K. Multi-functional organic corrosion inhibitor[J]. Cem Concr Compos,2004,26(3):199-207.

[171]洪定海,王定选,黄俊友. 电迁移型阻锈剂[J]. 东南大学学报(自然科学版),2006,36(S2):154-159.

[172]吴荫顺,郑家燊.电化学保护和缓蚀剂应用技术[M].北京:化学工业出版社,2005.

[173]陈佳芸.电化学修复技术对混凝土模拟溶液中受力钢筋的作用效应[D].杭州:浙江大学,2016.

[174]金伟良,吴航通,许晨.纳米氧化铝在混凝土中的电迁移效果[J].东南大学学报(自然科学版),2018,48(3):537-542.

[175]唐军务,黄长虹.高桩码头钢筋混凝土结构延寿技术现场实验研究[J].中国港湾建设,2009,4:26-28.

[176]FEDRIZZI L,AZZOLINI F,BONORA P L. The use of migrating corrosion inhibitors to repair motorways' concrete structures contaminated by chlorides[J]. Cem Concr Res, 2005, 35(3): 551-561.

[177]JIN W L,HUANG N,XU C,et al. Experimental research on effect of bidirectional electromigration rehabilitation on reinforced concrete-concentration changes of inhibitor,chloride ions and total alkalinity [J]. Zhejiang Daxue Xuebao (Gongxue Ban)/Journal of Zhejiang University (Engineering Science),2014,48(9):1586-1594,609.

[178]CHU H,LIANG Y,GUO M Z,et al. Effect of electro-deposition on repair of cracks in reinforced concrete[J]. Construction and Building Materials,2020,238:117725.

[179]OH T, YOU I, BANTHIA N, et al. Deposition of nanosilica particles on fiber surface for improving interfacial bond and tensile performances of ultra-high-performance fiber-reinforced concrete[J]. Composites Part B:Engineering,2021,221:109030.

[180]ANDRADE C,CASTELLOTE M,SARRÍA J,et al. Evolution of pore solution chemistry,electro-osmosis and rebar corrosion rate induced by realkalisation[J]. Mater Struct,1999,32(6):427-436.

[181]CAMUFFO D. How much temperature will increase the efficiency of

electro-osmosis? [J]. Journal of Cultural Heritage, 2019, 36: 264-267.

[182]刘佳,姚光晔.硅烷偶联剂的水解工艺研究[J].中国粉体技术,2014,20(4):60-63.

[183]WATTS B,THOMSEN L,FABIEN J R,et al. Understanding the conformational dynamics of organosilanes: γ-APS on zinc oxide surfaces[J]. Langmuir,2002,18(1):148-154.

[184]郭星星.有机防护型阻锈剂在混凝土中的应用研究[D].青岛:青岛理工大学,2016.

[185]王晓彤,孙丛涛,程火焰.氨基醇类阻锈剂的阻锈机理[J].硅酸盐通报,2017,36(1):84-88.

[186]杨隽永,郑冬青.几种有机硅材料在南京城砖中的耐久性实验[C].

[187]王翠娟,王峥峰,闫炳润,等.潍坊老国防路堤河桥硅烷浸渍防腐防水施工技术[J].中国建筑防水,2013,20:26-28.

[188]蒋正武,陈明波.硅烷浸渍混凝土防水技术[C].

[189]韩涛,唐英.有机硅在石质文物保护中的研究进展[J].涂料工业,2010,40(6):74-79.

[190]张晖,王晶鑫,徐征,等.水泥历史建筑的加固材料研究初探[J].文物保护与考古科学,2013,(4):89-95.

[191]李志高,刘旭东,吕平,等.混凝土保护涂层的性能测试研究[J].上海涂料,2009,47(7):36-38.

[192]吴平,GEICH D H.硅烷膏体浸渍剂在保护混凝土中的实际应用[J].混凝土,2003,10:62-65.

[193]李建生,刘士方.膏体硅烷对高性能混凝土耐久性影响的实验研究[J].山东交通科技,2012,4:43-45.

[194]CHATZIGRIGORIOU A,MANOUDIS P N,KARAPANAGIOTIS I. Fabrication of water repellent coatings using waterborne resins for the

protection of the cultural heritage[J]. Macromolecular Symposia, 2013,332(1):158-165.

[195]ZHENG H, LI W, MA F, et al. The effect of a surface-applied corrosion inhibitor on the durability of concrete[J]. Construction and Building Materials,2012,37:36-40.

[196]BARBERENA-FERNáNDEZ A M, CARMONA-QUIROGA P M, BLANCO-VARELA M T. Interaction of TEOS with cementitious materials: chemical and physical effects[J]. Cem Concr Compos, 2015,55:145-152.

[197]MARAVELAKI-KALAITZAKI P, KALLITHRAKAS-KONTOS N, KORAKAKI D, et al. Evaluation of silicon-based strengthening agents on porous limestones[J]. Prog Org Coat,2006,57(2):140-148.

[198]IHEKWABA N M, HOPE B B, HANSSON C M. Pull-out and bond degradation of steel rebars in ECE concrete[J]. Cem Concr Res,1996,26(2):267-282.

[199]金伟良,吴航通,许晨,等.钢筋混凝土结构耐久性提升技术研究进展[J].水利水电科技进展,2015,35(05):68-76.

[200]王振,郁群.电化学除氯的影响因素及对混凝土性能作用的研究进展[J].广东建材,2017,33(10):14-17.

[201]郑靓,韦江雄,余其俊,等.电化学除盐过程中钢筋表面发生的电极反应[J].硅酸盐学报,2009,37(7):1190-1195.

[202]KUMAR R, BHATTACHARJEE B. Porosity, pore size distribution and in situ strength of concrete[J]. Cem Concr Res,2003,33(1):155-164.

[203]SIEGWART M, LYNESS J F, MCFARLAND B J. Change of pore size in concrete due to electrochemical chloride extraction and possible implications for the migration of ions[J]. Cem Concr

Res,2003,33(8):1211-1221.

[204]鲍俊玲,李悦,谢冰,等.水泥混凝土孔结构研究进展[C].

[205]王文仲,郑秀梅,刘晓丹,等.电化学除盐对混凝土微观结构的影响[J].混凝土,2011,3:28-30.

[206]王新祥,邓春林,成立,等.混凝土在电化学除盐过程中内部离子迁移和结构变化的研究[J].混凝土与水泥制品,2006,4:1-4.

[207]杨墨.电场作用下钢筋混凝土微观组成、结构的变化规律研究[D].广州:华南理工大学,2010.

[208]DE ALMEIDA SOUZA L R,DE MEDEIROS M H F,PEREIRA E,et al. Electrochemical chloride extraction: efficiency and impact on concrete containing 1% of NaCl[J]. Construction and Building Materials,2017,145:435-444.

[209]MARCOTTE T D,HANSSON C M,HOPE B B. The effect of the electrochemical chloride extraction treatment on steel-reinforced mortar part Ⅱ: microstructural characterization[J]. Cem Concr Res,1999,29(10):1561-1568.

[210]AGHAJANI A,URGEN M,BERTOLINI L. Effects of DC stray current on concrete permeability[J]. J Mater Civ Eng,2016,28(4):04015177.

[211]熊焱,屈文俊,李启令.再碱化对碳化混凝土桥梁微观结构的影响[J].工程力学,2009,26(7):117-124.

[212]王昆,屈文俊,张俊喜.再碳化后再碱化混凝土组成变化的初步研究[J].材料导报,2011,25(14):122-124.

[213]熊焱,屈文俊,吴迪.再碱化修复后混凝土微观结构变化及机理研究[J].建筑材料学报,2011,14(2):269-274.

[214]熊焱,屈文俊,李启令.碳化混凝土再碱化后的微观结构实验研究[J].西安建筑科技大学学报(自然科学版),2009,41(1):11-17.

[215]金伟良,黄楠,许晨,等.双向电渗对钢筋混凝土修复效果的实验研

究——保护层阻锈剂、氯离子和总碱度的变化规律[J]. 浙江大学学报(工学版),2014,48(9):1586-1594.

[216]许晨,金伟良,黄楠,等. 双向电渗对钢筋混凝土的修复效果实验——保护层表面强度变化规律[J]. 浙江大学学报(工学版),2015,49(6):1128-1138.

[217] CHAUSSADENT T, NOBEL-PUJOL V, FARCAS F, et al. Effectiveness conditions of sodium monofluorophosphate as a corrosion inhibitor for concrete reinforcements[J]. Cem Concr Res,2006,36(3):556-561.

[218]ORANOWSKA H, SZKLARSKA-SMIALOWSKA Z. An electrochemical and ellipsometric investigation of surface films grown on iron in saturated calcium hydroxide solutions with or without chloride ions[J]. Corros Sci,1981,21(11):735-747.

[219]张航. 适用于海水海砂混凝土的阻锈剂研究[D]. 重庆:重庆大学,2010.